ti___ ___tart
JOY 7

スペシャル鼎談 てい だん

ごめんなさい
ありがとう
そして
これからも

祝！『JOY TO THE OITA＋』放送1周年！
軽妙なトークでいつも番組を盛り上げている3人ですが、
今回は本書のための本音鼎談が実現しました。
それぞれの想いとリスナーへの感謝の気持ち、
そしてこれから進むべき道について——
笑いと感動が詰まった25000字インタビュー開演！

KEIKO、15年ぶりのステージへ！

賤川寛人（以下、賤川）：マークさん、KEIKOさん。今日は出演者3名による特別鼎談をよろしくお願いします。といっても、いつもの『JOY TO THE OITA＋』のオンエアと同じように、ゆるい感じでお話しできればと思います。まず、先日はOBS70周年感謝祭（32ページに詳細レポート掲載）にご出演ありがとうございました。

マーク・パンサー（以下、マーク）：ありがとうございました。

賤川：イベントは本当に大盛り上がりで！

KEIKO：よかったです。

賤川：参加されてみてどうでした？

KEIKO：私はステージに上がるのが、本当にめちゃくちゃ久しぶりだったので。

賤川：15年ぶりぐらいですか？

KEIKO：きっと15年以上になるのかな。

賤川：だからでしょうか、KEIKOさんの表情がラジオのときとちょっと違う感じでしたよね。

KEIKO：違いました？　本当!?

マーク：KEIKOが最後にステージに上がったのは、何のイベントだったっけ？

KEIKO：私も最後のステージは何だろうと思ってた。

一同：（笑）。

マーク：2008年のa-nationで『Get Wild』を歌ったのが最後かな？　僕がまだ黒髪の頃で、雨が降っちゃった日。

KEIKO：それとは違うな〜。たしかその次の年のa-nationだよ。3人とも白いスーツを着て、私が金髪で。

マーク：ああ、そうか。あのとき以来、人前に出てない？

KEIKO：かもしれない（笑）。

マーク：それから考えると、やっぱり15年ぶりぐらいだね。

賤川：そのあいだ、マークさんはDJ活動や音楽プロデュースなどさまざまなイベントの舞台に立たれていましたが、やっぱり一緒にステージ上に立つというのは、とても感慨深かったのではないでしょうか。

マーク：10万人を経験してるとはいえ、最後のステージから15年以上が経ってて。それが今回もいきなり大人数なわけじゃない？　それでも、あれだけの人を感動させられる。緊張はしてるんだろうけれど、でも、あれだけの人を感動させるとは。

KEIKO：ただ、歌以外で何千人とか何万人の前に出るっていう経験があんまりない。だからこそ、今回のイベントは緊張しちゃった

マーク：デビューのとき（1995年8月）も、準備なしで突然10万人の前に立たされたように、今回もOBSのラジオには出ていて、もちろんOBS（スタジオの）ガラス越しに何十かの観客はいてくれるけど、OBS70周年感謝祭でもいきなり5000人を前に「じゃあお願いします」って（笑）。やっぱり、いきなりはドキドキするんじゃないの？

KEIKO：うんうん。しますねぇ（ニッコリ）。

マーク：でもさ、KEIKOって毎回、準備なくいきなりすごい人数のところに立たされるじゃない？ **それがKEIKOなんですよ。「持ってる」んですよ。**

かなぁ。「joy joy~♪」っ
て音楽（《JOY TO THE OITA＋》）
のオープニング）が鳴っている間
はそこまで緊張しなかったんだけど、
その音がプチッて切れて次の瞬間
に出番が来て……そういう登場シ
ーンはあまり経験ないから。

賤川：たしかに。LIVEのように
常に音が鳴っていれば違和感はな
いですけど、音が止まってしまう
と……。

KEIKO：だから「私の入るタイ
ミングがない！」っていう感じで
した。ずっと音が鳴っていたら、
そこにスッと入れるんだけど
……！

賤川：70周年感謝祭は、フリートー
クがメインでしたもんね。そうい
う意味でのドキドキ感もありまし
たか？

KEIKO：そう、そのドキドキ感。
トークがメインだから、素の自分
をすごく見られてる感じがして
……。

賤川：なるほど。でも、会場に集ま

った大分県の皆さんとglobe
r（グローバー）の皆さんって、
マークさんとKEIKOさんが並
んでいる姿はもちろん、素のKE
IKOさんも見たかったと思うん
ですよね。

KEIKO：そうなのかなぁ（ニッ
コリ）。

マーク：そうだよ！ みんな、元気
なKEIKOに会いたくて、元気
な姿と話しているところを見れて
喜んでる。となるとやっぱり次は「歌
ってるKEIKOを」……って雰
囲気だったよね。やっぱりKEI
KOは歌い手さんじゃない？ 歌
姫なわけだから。

KEIKO：そうだね。いや、歌姫
じゃないけど（笑）。

マーク：歌姫だよ（笑）。しゃべり
手さんじゃないじゃん。たしかに
『JOY TO THE OITA＋』の生放送
には出てるけど、しゃべる練習は
今はそこしかないじゃん。その場
で即興で考えてしゃべる、みたいな。
あと1年ぐらい経ってから500

「泣いてる人たちの顔、見たかったな〜」
（KEIKO）

みんな。

賤川：すごい感動してる方もいましたよね。

マーク：あぁ、そこまでは見えなかったですね。

KEIKO：正直やな（笑）。

マーク：KEIKOの正面にいた人たち、全員手が震えてて、泣いてる人までいたよ。

KEIKO：本当に!?

マーク：やっぱ、それはそうよ。KEIKO見たさで会場に来てさ。もう「おるやん！」「動いてるわ！」「やべー！」みたいな。

KEIKO：そっか。泣いてる人たちの顔、見たかったな〜。

マーク：いや、だって、軟式globeが歌った次の振り方が「次は本物いきましょう！」みたいな感じで（笑）。そう言われたらみんな「次こそ本物が、歌うんや！」みたいな！（笑）

マーク：普通、あの場で歌わなかったら卵とか投げられるでしょ（笑）。

KEIKO：投げられるよね（笑）。

マーク：「歌えよ、この野郎」って（笑）。

KEIKO：怖い！ そんな、負けたときか思わないし。でも、全員が納得してした。歌わなくても、納得して感動してくれたわけだから。KE

KEIKO：卵ピシャ、ピシャ、みたいな！ の日本代表みたいにならないですして。

賤川：そういえばKEIKOさん、ステージ上から会場に来てる方々の表情は見えましたか？

KEIKO：見えた、見えた。見えたよ！ ニコニコしてたよ〜、て（笑）。

KEIKO：ボケたつもりはありません（笑）。

マーク：ラジオなんだから普通はそれっぽいことをしゃべるじゃない。その内容が本当だろうが、うそだろうが、まあ関係ないじゃない（笑）。でも、そうじゃなくて「それは言えません」って……「おい！」ってステージ上でKEIKOにツッコんじゃったよ（笑）。

賤川：しかも、一言目でそれ！

マーク：それで会話終了、ちゃんちゃん。みたいな。

KEIKO：ちょっと！ 私の当日の緊張ぶりを察してよ（笑）。

賤川：でも、そんなKEIKOさんの姿を見て、「うわー！」って盛り上がっていましたよね。

KEIKO：（少し照れながら）そうですかねぇ。

0人のイベントがあったら、もっとしゃべれたんだろうけど。

KEIKO：そうそう、そうなのよ〜。

マーク：それでも、あの日は元気でうぶなKEIKOのジョークがあって、あれ、よかったですよね。

賤川：あれですね、リスナーの方が「今どういうふうに過ごしてますか」って質問をKEIKOさんに投げ掛けたとき、「それは言えんな」って返した（笑）。KEIKOさんがそう言われたときに、「あ、いつもどおりや！」と僕は思って。

マーク：すごいなと思うよね。

KEIKO：いやいや（笑）。

賤川：一言目からボケてきたと思って（笑）。

-IKOには、その力があるんだよね。それが、すごかったな。

OBS70周年感謝祭が Yahoo！の トップニュースに

賤川：感謝祭の日にOBSが配信したニュースが、Yahoo！のトップニュースになったのですが、お2人ともご覧になりましたか？

KEIKO：なった！　見た!!

賤川：いや、もう素晴らしい。感謝祭に華を添えてくださってありがとうございます。

マーク：トップニュースですよ！

KEIKO：トップニュースはすごい!!

賤川：いろんなトピックがある中でトップニュースになって……私、うれしくてスクリーンショットも撮ったんですよね。ちなみにYahoo！ニュースについたコメントはご覧になるんですか？

KEIKO：見ますよ〜。

マーク：KEIKOは見るね。

KEIKO：私、すごい見るの。マークは見ない（笑）。

マーク：うん。俺、自分のXのポストについたコメントもほとんど見ない。

KEIKO：それなら、大丈夫（笑）。

賤川：そのYahoo！コメントにはいろんな感想が書かれていましたね。

賤川：それぞれ違うんですね。

マーク：KEIKOはすごい見ちゃう。

KEIKO：そうなんです。

マーク：だからKEIKOが見てると、毎回怒るのよ。「そんなの、見るなよ！」って。

KEIKO：中にはすごく悪いのもあるんですよ。でもそれが面白くて。

マーク：**それが好きなの!?**（笑）

賤川：でも、人前に出続ける方って、想像できないほどのプレッシャーやストレスがあるから、それぐらいの強い気持ちじゃないと務まらないというか。

マーク：そうよ。でも、それで（精神的なダメージを）食らっちゃう人も、いっぱいいるから。

KEIKO：本当、本当。

マーク：KEIKOには、そうなってほしくないじゃない。

KEIKO：**ならない！**（キッパリ）

マーク：それなら、大丈夫（笑）。

KEIKO：絶対にならない。そんなコメント程度で絶対に不調にならない！

マーク：ああ、よかった。

KEIKO：なるかい！（笑）

賤川：ですが、今回のイベントについては9割以上が好意的なコメントばかりでした。

マーク：ああ、いいね。よかった。

KEIKO：それはよかった、よかったです（ニッコリ）。

賤川：例えば「KEIKOさんがステージに上がってくれてうれしい」とか「また2人でステージに立つ姿を見られるなんて感激しました」っていう内容のコメントが目立ちました。KEIKOさんは、ご覧になってどう思いました？

KEIKO：マークに「見るな」って言われたから、結構パッパッと読み飛ばしてたけど（笑）。そんな中で「いいコメントがあったよ」「でも、こういう悪いコメントもあるよ」ってお母さんに話したりして。

マーク：やっぱりいいコメントある中でも、熱いメッセージを見つけるとうれしい。でも、**マークは絶対見てくれない**（笑）。

ステージ上で KEIKOに ツッコんじゃったよ（笑）

（マーク・パンサー）

感謝祭に華を添えてくださってありがとうございます！
（賎川アナ）

マーク：いや、トップニュースになったっていうのは、うれしいことですよ。なんか「待っててくれてる感」があるんだ、みたいな。ずっとやってきてくれてよかったなって。

KEIKO：よかったねぇ。

マーク：結局、何もなく終わってしまうのが嫌で、大分でラジオを続けてるわけじゃないですか。1回でもいいからglobeとして番組に出る……それが、僕の中の「奇跡」ってやつで、それでglobeが終わったら納得もするんだけど、僕とKEIKOの登場がトップニュースになるっていうことは、みんなやっぱり「globeを見たい」と思ってくれてるわけで、終わっちゃいけないんだなって。

KEIKO：そうだね。

マーク：これで、大きな何かが動くのかもしれないな、って思った。実際に動いてくれたらいいな。

KEIKO：今日（感謝祭の翌日）ここに来る前に、テレビ番組を予約してこようと思ったら、『ミヤネ屋』で「globeのKEIKO」って見出しが出てたの！

賎川：全国の人気番組の見出しに！

KEIKO：そうそう。「デカっ！」

マーク：ファンの人たちからも、Xとかに報告が来るわけよ。「あのニュースにこんなふうに出てたよ。こんなことがあるよ。あんなことがあったよ」って。僕、globeでわかんないことがあると「あの頃、俺、何やってた？」って聞くのよ。ファンのみんなは僕よりも詳しいから。

賎川：実はこれ、本当にぶっちゃけの話なんですけど、『GLOBISM』でも、globeの楽曲については2人だけで番組できてたよね。「大丈夫？」って、私が言うなよって（笑）。ファンのみんなは僕よりも詳しいから。

賎川：教えてくれるんですよね！

マーク：昔、「しずちゃんとマーク・パンサーのGLOBISM」（『JOY TO THE OITA＋』の前身番組）の頃、まだKEIKOはいなくてしずちゃんと2人で番組をやってたとき、「このときは、どうだったんですか？」みたいな質問が来ると、**テーブルの下でSNSを使ってファンのみんなに聞いてたもん（笑）**。

賎川：確かにそうでした（笑）。「マークさん、これ本当に覚えてますか？」って言ったら、「覚えてないんだよね。でも、ファンの人が言うには「……」ってやりとりが何回もあったんですよ！

KEIKO：そう、本人たちは本当に覚えてないの。でも、よくこの質問が来ても、「この曲には、どんな思い出がありますか？」って聞かれても「忘れちゃった」って言ってたもん（笑）。いや、「さっきのインタビューまで、ずっといっぱいカッコつけた言葉語ってたじゃん！」って思ってた。

マーク：そうだったっけ（笑）。

賎川：昔、インタビューって何社も連続で受けてたんですが、**2000年を超えた瞬間から、マークさんから全然エピソード出てこなくなったんです（笑）**。

KEIKO：昔、インタビューって何社も連続で受けてたから、マークは5社目くらいになると「このとき、何社目くらい？」ってぐらいの大きさで（笑）。「デカっ！」

マーク：そうそう（笑）。

KEIKO：でも、昨日も、マークがいてくれて本当によかった。1人だったらちょっと無理！

賤川：十何年ぶりにステージに出るっていうことだけでYahoo!のトップニュースになるって、とてつもないパワーだと思うんですよ。歌を歌うとかだったらわかりやすいと思うんですけど、ステージに立つっていうことで、これだけニュースになるなんて感動しました。

選ばないと大きなチャンスは得られないんですよ。どんな波にでも乗ってたら、へんてこな波だって、来るわけですよ。

KEIKO：いいところにまとめてきたね（笑）。

マーク：そうそう、僕自身にもいろんな波がありました。例えばモデルとして当時ドカンといったわけ

全員の波長が合っていい波が来ている

賤川：マークさんもKEIKOさんも1995年から2000年ぐらいまで、とんでもないハードな日々があって、KEIKOさんはご病気もあって……そのあいだも、マークさんは、「ともしび」を消さないようにいろいろな活動をされて、また今こうして全国的な話題に上がりましたが、ここに至るまで、人生の起伏をさまざまに経験されてきたと思います。

マーク：波ね。人生の波っていうのは、いろいろあって。サーフィンをやってても一緒なんですけど、**波を**

ルとしていろんな雑誌に出てきたけど、あるとき『MEN'S NON-NO』っていう波が来た。いくつも雑誌がある中で、なんでメンノンの波を選んだのかっていうと、あの波はでかかった、形も良かった、最高だったんです。あそこでモデルとして

ですよ。毎月250万部とか売ってたからね。

KEIKO：250万部。

マーク：250万部！ それはすごい。

賤川：すごいですね。その初代の専属モデルで、毎月登場ですもんね。

マーク：その次に『MTVジャパン』（音楽専門チャンネル）っていう波が来たわけ。そして、その次にglobeというもっと大きな波が来たわけです。僕の中では、そうやって波を選んできた。だから、もしかしたら、昨日の感謝祭は、次の波のうねりが来始めてるっていうことなんじゃないの？ って。

きっと、スタッフとメンバーとファンと全員の波長がぴったり合ったときに、次の素晴らしい波が来るんじゃないのかなって考えてますね。**今、思いついたことを言ってるだけだけど**（笑）。

一同：（笑）。

賤川：あらかじめ考えてきたかのような言葉を（笑）。

KEIKO：それがねぇ、**当時は5**

すごい波はもちろん、やっぱりglobeですよね

社目ぐらいのインタビューになったら、これを言わないんです（笑）。

「マーク、あの言葉を言ってくれたらいいな〜」と思った矢先に「忘れちゃった」って。あれ？ みたいな。

マーク：1回にまとめて5社、来てよ（笑）。

賎川：共有してよって（笑）。

KEIKO：そんな生意気なアーティストって！（笑）

マーク：そうよ。『GLOBISM』が終わったときは、その波が消えそうになった。けど、また波を起こしてくれたのがOBSとスポンサーとファンだった。その波長が合うのをずっと待ってたら、2022年の7月にKEIKOが電話をしてきてくれて、2023年の1月にはKEIKOがレギュラーとして参加してくれた。波長が合うとそういう素晴らしい波が生まれてくるわけですよ。

KEIKO：だけど、OBSラジオで始めたこの波も、ちょっとずつ、大きくなってきてますもんね。

KEIKOからマークへ「いろいろごめんなさいと、ありがとう」

> 波を選ばないと大きなチャンスは得られないんですよ

賎川：KEIKOさんも波でいったって、今まで相当いろいろあったと思うんですよ。

マーク：ありましたね。ありました。

KEIKO：ありましたね（しみじみ）。

賎川：あらためて振り返ってどうですか？

KEIKO：どうでしょうね。すごい波はもちろん、やっぱりgiobeですよね。でも、それまでの私の波は穏やかでしたね。だから、起伏っていうよりは、「どかーん！」って大きな波に乗って……今も波には乗っているんですけどとても穏やかですよ。

賎川：当時は、急にバコーンって上がった感じでしたもんね。

KEIKO：バコーンでしたね。

マーク：初波がでかかった。

KEIKO：すごいですかね。

マーク：とにかくすごいよ。

KEIKO：**当時、私は何を考えてたんだろうね（笑）。**

マーク：やっぱり「デカい夢をつかむ」というパワーがすごい。KEIKOは小さい頃に、のど自慢大会で優勝してたりするから、必ず「その波には乗れる」っていう自信はあったんだろうけど。

KEIKO：うん、それはあったと思う。

賎川：普通だったら、波がデカすぎて、メンタル的に「もう無理かも」ってこともあり得るわけなのに乗ったんですね。

KEIKO：そうそう。「君、乗れないでしょ」っていう波がボーンって来たんだけど。

マーク：ちょこちょこ練習はしてたけど、いきなり巨大な波が来た。まあ、練習してたから乗れたんだとは思うんだけど、KEIKOはちゃんと乗ったの。コケずに。普通コケるもん、でっかい波って。

賎川：今までステージ上がるなんて町のコンテストや学園祭ぐらいだった人間が、急に何万人もの前で歌うわけで。普通はやっぱり無理ですよね。

KEIKO：そういうこと。サーフインに例えるとそうですね。

マーク：それに乗ったんだ。こけずに。

マークには本当に「ごめんなさい」と「ありがとう」です

（KEIKO）

マーク：しかも、こけずに乗ったんだからすごいってことだよ。

賤川：そうですよね。あとKEIKOさんの波でいうと、病気になってしまって、身体的に思うようにいかない生活を送ったり、音楽活動が思い通りにいかなかった経験もされましたよね。

KEIKO：ありましたねぇ。

賤川：でも**マークさんが、その間にいろいろとつないでくれていて。**

KEIKO：（しみじみと）本当にそう……。

賤川：そのときはどんな思いだったんですか？

KEIKO：私は謝りたかったし、でも何より「ありがとう」を最初に伝えたかったんだけど……。なんかね、邪魔するものがあったんですよ。自分の心の中にいろんなことがね。

賤川：邪魔するものって、言える範囲で言うと……。

マーク：僕は大人だから、その言葉を大げさに受け止めてはいけないんだろうなとは思ったんだけど、

賤川：そこの自販機のコーヒーです（笑）。

マーク：**強いて言えば、砂糖とミル**

そこでKEIKOさんは「いろいろありがとう」いや、いろいろありがとうありがとう……じーんとして泣けてきちゃった。**このドリンク、お酒入ってない？**（笑）

一同：（笑）。

KEIKO：なんてね（笑）。いろいろとありましたね。

マーク：感謝祭の日、テレビ特番の中でKEIKOが僕へのメッセージとして「いろいろごめんなさい、そしてありがとう」と言ってくれたのは、ぐっときましたよ。

KEIKO：ちょっと、聞いてこなくていいよ（笑）。

涙が出るほど感動しました。5000人が見ているステージ上じゃなく、違う場所で言われたら泣けてたかもしれない。でも、僕はそんな言葉をかけてもらうほどいろいろ気にしてなかったんだけどね。

KEIKO：でも、**彼には本当に「ごめんなさい」と「ありがとう」です。**

ろいろ考えちゃったりもしたんですけど。

賤川：けど、みんな病気になりたくてなるわけじゃないし、結果論じゃないですか。どうしようもないと思うんです。

KEIKO：どうしようもなかったね、本当に。本当にそうです。

ク入ってる（笑）。

KEIKO：私、物事をすごく客観的に見てしまう面があって、逆にそうでもない面があって。そういうことが積み重なって、病気になったんだよな、とか。休んでいる間はい

「ごめんね」が最初で、「ありがとう」で終わりたい。この2つしかない。つくづくそう思います。

賤川：感謝祭の日のテレビ特番『BS 70th 感謝祭 Fun＋Peak!!』に出演されたときですね。

KEIKO：この言葉に、マークに対するいろんな思いが詰まってるんです。

賤川：時を経て、KEIKOさんの中でマークさんに対して心境の変化などもあったんですか？

KEIKO：ありました。ありまし

賤川：ごめんねとありがとう。

KEIKO：ごめんねとありがとう。

賤川：ファンの皆さんからいただいた質問をカプセルに詰めたガチャガチャを引く企画で、「マークさんに今伝えたいことは？」（マークさんの顔を見ながら言ってほしいです）という質問が偶然、最後に出てきて。

賤川：あらためてその時期を振り返ると、周囲のバックアップはもちろん、なんといってもマークさんがg-l-o-b-eとしての活動を続け

ありそうですね。

てきてくださったことが、すごく大事だったんですよね。

KEIKO：そうですね。今、振り返って考えると、そんなに大変じゃなかったですよ。確かに、肉体的にきついとか、精神的にもいろんなことあったけれども、いい経験したなって思いますよ、たくさん。つくづく思います。でもね、まだまだしていこう。いい経験をね！

賎川：すごい、素敵です。

KEIKO：していこうね、マーク……ちょっと！

賎川：マークさん、今、携帯見てましたよね（笑）。

KEIKO：私がこういう真面目なことを話してると、たいがい聞いてない（笑）。

賎川：真面目な話のとき、マークさんはちょっとボケたくなるタイプですよね。せっかくKEIKOさんがいいこと言ってたのに～。

KEIKO：そう、私のときは全然聞かない（笑）。これ、昔から変わらない！

賎川：たぶん30代のときと今とも違う。いろいろと大変だった時期を乗り越えたからこそ、見る目線が変わってきたりなんていうことも

KEIKO：違いますね。

賎川：だからこそ、KEIKOさんのファンに対する目線も、過去の20代のときの目線と今とでは違う、というか。

KEIKO：そうですね。この世界にいると、見えやすい、わかりやすいバックアップがある。その一方で、気づきづらいバックアップもあるじゃないですか。今、ものにすごい、じーんとしますね。それがファンからのメッセージだったり、感謝祭の記事がトップニュースになったことだったり。そういうことを含めて、私が気づかないところでどんなバックアップがあったんだろうと今は考えています。いろんな人が支えてくれてるんだって、つくづく思います。

賎川：ありがとうございます！

マーク：でもさ、ちょっと……なんかね。

KEIKO：……まあね。

マークとKEIKOから見た賎川アナウンサーの評価

賎川：ここからちょっと、私、アナウンサーの立場でめちゃくちゃ聞きにくい質問なんですけど、私の司会ぶり、MC僭越ですが、いかがでしょうか」。この質問、このスタッフからどうしても聞いてほしいと、今日の台本にも書いてあるんですよ！ ど、ど、どうでしょうか？

KEIKO：しずちゃんの？

賎川：はい……。

KEIKO：なんにも問題ないでしょ、なんにも。いつも助けられています。

マーク：ちょっと、ちょっと！ なに、今の！ 一番リアルな感じで言うやん。「大変、に？」みたいな（涙）。

賎川：「まあね」「ちょっと、なんかね」みたいな。

マーク：いや、もう本当に助けられてるよ。

KEIKO：しずちゃんがいるからこそ、私たち台本覚えてないよね（笑）。

マーク：そうだよ（キッパリ）。でもね、しずちゃんの勉強と努力が、トークの中にいっぱい出てる。だって年齢、30歳ぐらいでしょ？

> KEIKOの言葉に涙が出るほど感動しました。
> （マーク・パンサー）

2022年7月4日。生放送にKEIKOさん、電話出演！

（賤川アナ）

賤川：1991年生まれなので32歳です。

マーク：1991年生まれっていうことは、globerとしてすごく若いほうなのよ。だってglobeは95年デビューなわけだから。

KEIKO：そうそう、95年の8月。

マーク：だから知らないことが多くても普通なのに、それをしっかり勉強して……で、**たまに間違える**（笑）。

賤川：そうですよ、ちょくちょく間違えるんですよ（赤面）。だからこそ、リスナーさんや番組スタッフからglobeについて教えてもらうんです。

賤川：ありがとうございます！

マーク：でもそこが、この番組のいいところなのよ。完璧すぎちゃうと、だめなの。みんな、完璧すぎるものを作ろうとするわけよ。でも、スタジオでミキサーもいなくて、2人だけで収録してたときがありましたよね。

KEIKO：そんなことがあったんだ！

賤川：マークさんとKEIKOさんにも、放送中にたくさん話していただいて助かっています。結構僕、生放送中でも、ざっくりとした振り方をするじゃないですか。

マーク：その振るタイミングが絶妙になってきたのが今なんです。

KEIKO：いいのよ、それが！

マーク：（メインスタジオのほうを見ながら）あんな立派なスタジオではやらせてくれなかったからね。

この『JOY TO THE OITA+』は自然体でやってるから、みんなが「面白いな」って感じてくれてる気がする。

賤川：だから、さっきの波の話でいうと、明らかに「底のとき」も経験してるんです。マークさんとは苦楽を共にしてきて、その波にKEIKOさんが乗ってくれるようになってきたのが今なんです。

マークさんとは2019年から番組を一緒にやってきましたが、いろんなことがありました。一時期、スタジオでミキサーもいなくて、2人だけで収録してたときがありましたよね。

賤川：うれしいです。そういえば、**ヘッドホンとか「どうや って着けんだよ、これ」みたいなのがあったよね**（笑）。

賤川：その節は大変失礼しました（汗）。KEIKOさんとの収録については、本職がアーティストだし、フリートークはそもそも専門ジャンルではないじゃないですか。かつ、久しぶりだから、できる限り楽しく話してほしいなと思っています。

KEIKO：さっすが！　おかげさまで楽しく話してますよ。

マーク：その振るタイミングが絶妙でやらされてたからね（笑）。

賤川：第3スタジオっていう、OBSのラジオブースの中で一番古いスタジオで！

マーク：それこそ機械も古いものばかりで、**ヘッドホンとか「どうや って着けんだよ、これ」みたいな**のがあったよね（笑）。

3階のお化けが出そうなスタジオじゃない人っているのよ。

KEIKO：いるいる、いるのよ（笑）。私はしずちゃんのざっくりのほうが答えやすいです。細かく「なんとかなんですよね」って言われちゃうと「はい」で終わっちゃう。

↘ wow!

一同：（笑）。

賎川：ありがとうございます、よかったです。そう言っていただいて。

KEIKO：しずちゃんじゃなかったと思う。

賎川：こういう言葉、いつも面と向かってちゃんと言ってくれてもいいですからね！

KEIKO：照れてる（笑）。

賎川：（顔を赤くしながら）ありがとうございます、本当に。

実は浮き沈みがあった番組の歴史

賎川：ここで、あらためてこの番組の歴史も振り返っていきたいと思います。『JOY TO THE OITA＋』、してコロナ禍に入っちゃったんですよ。だからちょっと現場も大変だったんですよね。

マーク：そうだった、大変、大変。しずちゃんと離れて収録してたね。俺は楽だったけどね

マーク：それまでの『GLOBISM』の歴史も振り返っていきたいと思います。『JOY TO THE OITA＋』、

check！

2024年1月でちょうど1周年になります。ありがとうございます、（笑）。

そしておめでとうございます！

簡単に振り返ると、まず2019年秋から『GLOBISM』が始まりました。そこから『JOY TO THE OITA』に名前が変わって、2023年1月から『JOY TO THE OITA＋』になりました。

マーク：『GLOBISM』は何年やったんだっけ？

賎川：約2年ですね。

マーク：2年やって、途中で名前変わったんだっけ。

賎川：『GLOBISM』が2019年10月に始まって、半年ぐらい来るんだったら生放送入れたほうがいいよ」って言ったら「生放送にしましょう」っていうことになったの。

賎川：内容にも変化が見られました。（笑）

KEIKO：いやいや。本気なの？

マーク：飛行機。

KEIKO：そもそも大分にはなんで来たの？

マーク：そうそう。俺が一言「月1来るんだったら生放送入れたほうがいいよ」って言ったら「生放送にしましょう」っていうことになったの、覚えてます？

マークさんが「生放送やりたいよね」っておっしゃってから変わっていったの、覚えてます？

最初は収録のみだったんです。でも、『JOY TO THE OITA』に名前が変わったんですが、番組内でコーナーも作っていこうよ「なんなら生放送じゃない？」みたいにどんどん膨らんでいったんですよね。やっぱり、コロナが続いているから、ちょっとずつ、やれることをやりたいという頭になったんじゃないかな。

はglobeに特化したような番組だったんだけど、globeファンしか聴かない……なんていうのかな、「globeファンじゃないったら面白くねえじゃん、この番組」っていうような番組になりつつあった。だったら番組名が変わるぞっていうときに、もうちょっと大分らしく、大分の人たちにも「おもしろい！」と思ってもらえるような内容にしようって話して、それで『JOY TO THE OITA』という番組になって。そこから「番

賎川：スタジオまで来ないから（笑）。

マーク：うん、家でやってた。でも、やっぱりスタジオで一緒にやらないと、生の雰囲気は出ないですよね。

KEIKO：ラジオもテレビも何もかもリモートだから許せるっていうときに、もう「おもしろい！」と思ってもらえるような内容にしようって話して、

KEIKO：あのときだけはリモートの空気感でよかったし。それで『JOY TO THE OITA』という番組になって。

賎川：そのあと『JOY TO THE OITA』に名前が変わったんですが、

smile!

のスポンサーさんです。

マーク：『GLOBISM』からのスポンサー企業はアーテックと……。

賤川：黒田建商さん！ 今、残ってくださっているスポンサー企業ですね。番組の進化とともに、スポンサーさんも替わっていきました。

マーク：そうそう。その2社がやっぱりずっと推してくれて。その中**でもアーテックがごり推ししてくれて、その中でもアーテックがごり推ししてくれて（笑）**。

KEIKO：え、本当？

マーク：大分に来るためには、なんかイベントを組んでもらわなきゃいけないから。まず大分市内の「CLUB FREEDOM」でDJイベントを組むようにして。そしたら（地元の会社の）アーテックの社長さんがそこに遊びに来てて、仲良くなって。そこから、ラジオ番組の話が進んでいったんだよ。

KEIKO：そういうことか！

賤川：アーテックさんは現在も番組のスポンサーさんです。

ので、そこのマークさんの移動はどうするかっていう難問があったんです。そこでアーテックさんが送迎のお手伝いもしてくださって。

マーク：（うれしそうに）そうそう！

マーク：**臼杵はバス停がスーパーの裏っ側にあるのがまたいいの（笑）**。

賤川：（うれしそうに）そうそう！

マーク：あそこから乗るのが好きなんだよ。

KEIKO：私も昨日、車であそこを通ったんだけど、「マークはこのバスに乗りたいんだろうな」とか思ってたよ。

マーク：まあ、公共交通機関に乗せてくれないぐらい、大事にしてくれてるってことだよね。

KEIKO：ね。さすが！

賤川：そうなんですよ!!

マーク：俺は「バスに乗りたい」ってずっと言ってんだけど、バス乗せてくれないんだよ。

賤川：いや、だって、さすがにバスに乗りたいんだろうな……。

マーク：「マークがバス乗っちゃダメだろう」っていう考えなんだと思うけど、違う違う。それはわかるけど、俺はバスに乗りたいんだよ。バスが好きなんだよ。でも誰もわかってくれないんだよ〜。「電車も好きなんだよ」って言っても、電車乗せてくれないんだよ。

KEIKO：マークはバスと電車移動が本当に好きだからね。

マーク：そう、本当に好きなんだよ！

KEIKO：本当に遠いよね（しみじみ）。

賤川：大分駅からOBSは近いんですけど、まず大分空港から大分駅バスに乗るの。あのバスが好きなんだよ。

マーク：大分空港から臼杵市に1人で行くときは、佐伯ライナーってバスに乗る。

賤川：大分のこと、本当によく知っ

KEIKO：もうええわ（笑）。

KEIKO：え、本当？

マーク：**大分に来てた本当の理由は、KEIKOがいるから**。

賤川：移動手段じゃないですよね（笑）。

てるってことだよね。

が高速バスでも1時間以上かかる

日本中に衝撃が走った 運命の7月4日

賤川：そしてついに『JOY TO THE OITA』で生放送が始まりました。

マーク：始まったね。そして運命の7月ですよ。

賤川：そして運命の7月4日です。

2022年7月4日。生放送のとき

2

（承前）…にKEIKOさん、電話出演！

私が電話に出たわけだ。

マーク：そう、いきなりの電話出演だったね！

賤川：あれは震えましたね、マークさん。

KEIKO：かわいい（笑）。

マーク：え？ **俺だけ知らなかったでしょ？**

賤川：いや、みんな知らなかったですって！ ちょっと！ **本に載せ**るのにそんなウソを言ったら、めちゃくちゃ困ります（笑）。

マーク：あ、でも2回目の出演か。俺が知らなかったのは。

賤川：2022年11月の2回目は、そうなんですよ。

マーク：俺だけ知らなかった！

賤川：マークさんだけ知らなかった。でも、1発目、7月4日は本当に誰も知らないんです!! 生放送のスタジオに入っている僕らMC2人が一番知らないんですからね。

マーク：知らなかったよね。あれ、俺が知らなかったのは。

KEIKO：おー!!（一同、拍手）。

すごかったよね！ 一瞬、放心状態になったんだよ。**放送事故のよ**うに、しゃべることができなくなっちゃったぐらい。

マーク：そしたら「もしもし」って声を聞いたら「あ、KEIKOやん!!」と。その瞬間もう、ダーツて鳥肌が立って、放心状態。あれはすごかった。あの回は。

KEIKO：「え!?」って。

マーク：「あれ？」みたいな。

KEIKO：「あれ……!」と思って。

マーク：ね。「来た……!」と思って。

マーク：これはKEIKOやんって、けど確証がない。ここは「**マークさん、お願いします！**」って（笑）。

賤川：本来、あのコーナーは視聴者から電話が来るんじゃないんですよ。こっちから電話するんだよ。それなのに向こうから電話来たから、**クレームが来ちゃったんだって考えた。**

賤川：通常はそう思っちゃいますよね（笑）。

賤川：だけど僕、実はスタッフて具合を見て、なんとなく雰囲気を感じてはいたんですよ。裏側が、いつもにはない、なんか異質な空気とバタバタ感があったから。もちろん「なんかいけないこと言っちゃったかな」とか「謝る準備しなきゃな」とか、しました。

マーク：ガラス越しにいるスタッフたちが「あ、どうも、少々お待ちください」ってバタバタしてて。「何やったんだろう、俺。スポンサーの名前、間違えてねぇしな〜」みたいな。

KEIKO：しましたよ。しました。

KEIKO：そう。だから緊張しました。

マーク：そう。11年ぶりでラジオの電波に乗った！

賤川：あの日、電話をかけるとき、すごく緊張しました？

KEIKO：ね。本当にね。

賤川：あのときは、どんな経緯で電話をかけることになったんですか？

KEIKO：この話、誰からどう来たんだっけ……。

賤川：あの声が聞こえた瞬間に、「あ、これはKEIKOさんだ！」と思ったんだっけ……。

fuuum.

マーク：あ、思い出した！「よっぴー」がやったんだ。

KEIKO：そうだ！ そうかも!!

賤川：番組スポンサーの株式会社アーテックの柏木義

KEIKO：そういういろんなことを、素で考えたんだね。

マーク：放送禁止用語とかさ！ 言っちゃったのかなっ

KEIKO：言っちゃったんだね。

いろんな人が KEIKOを 動かしてるんだよ

（マーク・パンサー）

孝社長こと、よっぴーさんですね。

KEIKO：確か、よっぴーから「出てくれますか？」って言われたのがきっかけだったんじゃないかな。

マーク：いろいろ考えてくれてるね、みんな。

KEIKO：ゴルフのときに、たぶん言ってもらった。

マーク：そういうことだよ。**いろんな人がKEIKOを動かしてるんだよ。**

KEIKO：**私のお姉ちゃんも……。**

マーク：お姉ちゃんとよっぴーとゴルフに行ったときに盛り上がったんだ。

KEIKO：そうそう、そのときに話してて。私も「いいんじゃない！」

とか言って。

マーク：それで本当に「ラジオの生放送に電話しちゃえ」みたいになったんだ（笑）。

賤川：そうだ。思い出しました。順番で言うと、よっぴーさんはマークさんの空港からの車移動を担ってくださったりとか、いろいろマネジメント的なことをされている中で、KEIKOさんともつながって。メッセージのやりとりをしながったんですね。

KEIKO：だから、電話をかけてくれたんですよね。

賤川：……だったと思う。

KEIKO：……だったんでしたっけ。

賤川：ラジオの生放送に電話しちゃった流れがあったんでしたっけ……。

KEIKO：でも、大分にいることは知ってた。

賤川：でも、大分にいることは知ってた。

KEIKO：ちょっと予定外のことに行ったときに最初に聞いたんじゃないかな。「あ、そうなんだ！」って。

マーク：電話する、っていうのがすごいよね。普通はさ「しないよ！嫌だよ！」とか言ったりするよね（笑）。**そもそも2年間、KEIK**

マーク：（大きな声で）知ってた！たぶん、よっぴーとゴルフに行ったときに最初に聞いたんじゃないかな。「あ、そうなんだ！」って。

KEIKO：知らなかった気がする……。

KEIKO：知ってた！ 知ってたけど、こんなに来てるとは知りませんでしたね。

賤川：では、ラジオをやってることは知ってました？

賤川：あらためて、話を戻すんですけど、そもそも大分にマークさんが来ていることは知っていた？

いよいよ十数年ぶりラジオ生出演へ

一同：（笑）。

Oはこのラジオを聴いてなかったんだから。

賤川：ここでまた、話がひとつ、つながったんですね。

18

KEIKO：クラブでDJをしてるっていうのも知ってましたよ。

マーク：そうだね、DJイベントはたくさんやってた。

KEIKO：「大分に来たときは教えてね」とか言ってたけどね。

マーク：別府の観光大使になったのは新聞を見て知ったんだよね。

KEIKO：そうそう。お母さんが「マークが新聞に出てるわよ。うわぁ、懐かしい、取っときましょうね」って言ってた（笑）。

賤川：同級生が出てるみたいな感じで（笑）。

KEIKO：そうそう。「マークが出てるわよっ！」って。それで私からマークに「新聞で見たよ」ってLINEして。

賤川：そういう流れから2022年7月の電話につながり。その瞬間から、いっぺんに時が進み始めましたよね。

マーク：だからこれがさ、うちらの2～3年ごしの夢が、そこで実現してたのよ。KEIKOがこの番組に出演をするっていう夢がさ！電話だっていいんだよ、KEIKOの声が乗った。じゃあ次の夢を達成。よし、最初の夢として「このスタジオに呼ぼう！」ってしずちゃんとブース内で話したんだよね。「ここに座らせよう！」って。

賤川：いつ呼べますかね、って具体的な話もしました。

マーク：それで、KEIKOから2回目の電話が来たときに……。

賤川：11月頭ですね。

KEIKO：（微笑みながら）ね。

マーク：「来てよ」って言ったら「うん、行くわよ」っていうふうになったんだよね。

賤川：11月末のスタジオ生出演のときも、KEIKOさん、電話出演とはまた違う緊張感がありましたか？

KEIKO：すごい緊張した～。

賤川：そして11月末、KEIKOさんに実際にOBSラジオのスタジオで生出演していただいたんですが、これがもう大変な話題になって！

KEIKO：そうだった～。

マーク：その反響の大きさでレギュラーが決まったんですよ、すごい

マーク：そういえばさ、KEIKOのスタジオ生出演の日をまとめたYouTube（OBS大分放送）もあるけど、これ300万回再生ぐらいいったの？

賤川：現時点（2023年12月）で400万回以上再生されています！

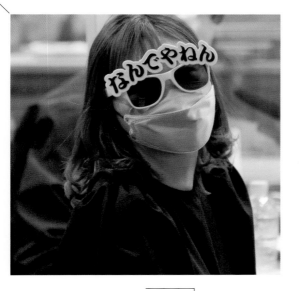

fuuum.

> よっぴーから
> 「出てくれますか？」
> って言われたのが
> きっかけ
> （KEIKO）

「私とマークさんも、ちょっとそわそわしてたんですよ」

（賎川アナ）

賎川：実際にスタジオに来たときはいかがでしたか？

KEIKO：スタジオに来たときは、めちゃくちゃ緊張する。でも、前の日とかは全然。あまり考えない。ダメなんですよ。それを考えだすと、眠れないから。

KEIKO：当日スタジオに入って、あ、みたいな感じでだんだん緊張がやってくるんだ。

賎川：息がピッタリですね（笑）。KEIKOさんがラジオ出演される前日も、いつもにはないそわそわ感はあったりしました？

KEIKO：それはなかったです。

賎川：ないんですね！

KEIKO：なかったです。だからこそ当日に緊張するんですよね。

マーク：すげえ！

KEIKO：すごい！

KEIKO：そうそう。私、事前にかったパターンばかり考えちゃうので、ダメなんですよ、たぶん。考えたらあれこれ浮かんじゃって、余計緊張しちゃうの。ライブもそうです。「あそこで、こうしなきゃいけない」とか前日に考えたら、絶対にダメ。ゲネプロっていう本番前の最終リハーサルで、なんとなく体で覚えなきゃっていう感じで。もう前日は、そこまで考えない。

賎川：そうなんですね、貴重なエピソードをありがとうございます。

KEIKO：でないと、もしこうなったら、ああなったらって、結構ネガティブに考えちゃうので。

賎川：うまくいかないかなかったパターンを考えてしまう。

KEIKO：そう！ うまくいかないかな

賎川：いや、小心者といっても、当日はすごく堂々とされてましたし。だけど、あの日はやっぱり、いつもにはない数のスタッフがいて。

マーク：あ、いたね〜。

賎川：私とマークさんも、ちょっとそわそわしてたんですよ。

マーク：やっぱ、スタッフが多くなるね。あと、普段はいない局の偉い人が来る。

一同：（笑）。

マーク：楽屋も大きくなるしね。普段の収録現場で一番偉い人はオオトモP

小心者になる。

（プロデューサー）なんです。そのさらに上の人たちが来てて。「こんな人、いつも来ないじゃない！」みたいな人まで。

マーク：**楽屋にお菓子も並ぶしね。**

賎川：見たことないチョコとかありました。

マーク：そう、あったね。すごいすごい。やっぱりKEIKOは、すごいっす。やっぱりKEIKOが来るようになって、スタジオも大きなサテライトになったし、だんだん面白くなってきましたよ。波は立ってきました。

KEIKO：いい波ですか？

マーク：最高にいい波だよ。

賎川：マークさん、あの日はお2人そろって久しぶりの共演だったわけですがいかがでしたか。

マーク：十何年ぶりですよ、感動ですよ！ この十何年ぶりのトークがなんにも変わってないところが、またいいんじゃないですか？ 昔は2人でラジオをやってたんですよ。

KEIKO：やってた！

賎川：『driving A GO!GO!』ですね。

KEIKO：そう、それだ！

マーク：それを復活させるような感じで当日は収録して。そこから今まで『JOY TO THE OITA＋』を1年ぐらいやってきたわけです。

KEIKO：昔みたいに2人でやってる感じがリラックスできる。（賎川アナのほうを見ながら）そう言ったら、ちょっと、また語弊があるか（笑）

一同：（笑）。

KEIKO：マークとポン、ポンって、いい波に乗っていける気がして。

マーク：でも今はそこに、しずちゃんの絶妙な振りがあるわけですよ。

KEIKO：そうそう、絶妙だよね。

賎川：フォローをありがとうございます！

マーク：KEIKOと僕の2人だけにしちゃうと、またちょっと昔の『GLOBISM』っぽくなってくるから。

賎川：でも、やっぱりファンの方々は、

マークさんとKEIKOさんの和気あいあいとした話を聞きたいと思うんですよね。

マーク：**それは偉い！**

KEIKO：**偉い!!**

賎川：ありがとうございます（笑）。

地元・大分の魅力を またひとつ知っていく

マーク：僕はラジオをやりながら、大分県民とか、それほどファンじゃないけど「globeのことは知ってる」っていう人たちを、どう取り込むことができるのか、どんな放送にすれば面白いと思ってもらえるか、みたいなことを考えながらやってるんですけど。

KEIKO：それ、大事。それ、大事。

マーク：コアな人たちは、すでに聴いてくれていると思うから。

賎川：そういう意味で今、毎週、企画を変えて放送していますよね。

マーク：いや、もう最高ですよ。たとえば僕としずちゃんがロケで買ってきたお土産を、スタジオでKEIKOと試食して、「あー、おいしい」「うまいね」とか話しているところなんか、もう最高です。

賎川：第1週が生放送、第2週が、「Discover globe」でglobeの曲をマークさんとKEIKOさんの視点からいろいろと深掘りしていく。第3週がお悩み相談コーナー「切なさライセンス」。このコーナーの名前を付けたのはKEIKOさんですね。第4週が外ロケ企画で大分の魅力を伝える。外ロケに行ったときは、だいたい何かしらのお土産を持って帰るっていう。

マーク：どれも面白いよね。

賎川：だから、KEIKOさんにも大分のことをまた、またあらためて知ってほしいなって。

KEIKO：知っていってますよ。今、この年齢になってね。大阪に出たのが18歳のときだから、大分には18年間しかいなかったわけで。

賎川：行動範囲なんて決まってるってね！

KEIKO：決まってます、決まってますよ。**しかも、臼杵ですよ（笑）。**

一同：（笑）。

賎川：国宝の臼杵石仏ですね。

マーク：**KEIKOは石像にしか詳**しくないですから。

KEIKO：いや、私、石仏、まっ**たく詳しくない（笑）。**

賎川：そうでしたか（笑）。あの大分を回るロケではKEIKOさんにいつもお土産を持って帰るじゃないですか。本当にこれ、よくネタにされますけど、マークさんにめちゃくちゃ過酷なスケジュールで口ケをしてもらってるんですよね。というか、**振り回してる。連れ回してる。ぶん回してる（笑）。**

KEIKO：みたいですね（笑）。やってるね！

賎川：東京から来た出版社（ワニブックス）の編集者さんが、ロケの日のスケジュール表を見て、驚いてましたよ。「えっ、ちょっと待って。あのマークさんを、朝6時から夜の21時ぐらいまで拘束するんですか!?」って（笑）。

一同：（笑）。

KEIKO：本当、本当に過酷（笑）。

賎川：とんでもない拘束時間のときがたまにあるんです。「これ、マークさん怒らないんですか？」って編集者さんが心配するぐらい。

KEIKO：私もよっぴーに聞いて、びっくりしちゃった。でもマークは今や別府の観光大使になっちゃうし。

賎川：過酷なロケの成果ですよね。一応、お昼ぐらいからロケがスタ

\ wow!

22

check!

ートするイメージはしているんですけど、たまにいろんなことが重なって、早朝からになっちゃうんですよ。あるときは、日出町から竹田まで1時間半以上かけて移動して、みたいなこともありましたね。

マーク：たしかにロケは基本12時スタートなんだけど、12時に大分県に来るためには、**俺、4時に起きないとダメなの。**

一同：（笑）。

マーク：お昼から、ロケ、ロケ、もう過酷なロケがあって。いつもホテルに戻れるの、夜の10時ぐらいなんですよ。

賤川：だからマークさんは最初に収録する（毎月）第2週放送分が一番元気で、最後の生放送が流れる**（毎月）第1週分が一番元気ないですよね**（笑）。

一同：（笑）。

KEIKO：私だったら、もう耐えられない。本当によく頑張ってるんだ。

マーク：うん、よく頑張ってる。

マーク：生放送があるから、ロケで疲れてちゃいけないんだよ。

KEIKO：生放送は疲れ方が全然違うよね。

マーク：**なんで一番疲れる生放送が、その日のスケジュールの最後にくるんだよ！**

KEIKO：それ、私も思ってた！

賤川：しょうがないんですよ。月1収録だからしょうがない（笑）。

一同：（笑）。

マーク：そのロケのあとにスタジオで4週分の収録をやって、最後に生放送もするわけです。

賤川：がんがん詰められてる（笑）。

マーク：でも、面白いですよ。この大分発信っていうのがいいな。僕はもちろん東京も好きなんだけれど、50歳を過ぎてからはどっちかっていうと、日本の地方っていうのが好きであちこち巡ってる。地方には地方の良さっていうのがあってさ。

マーク：その中で大分と出会って、大分のすごい「globe」に惹かれた。それはKEIKOがいるからglobeっぽいっていうのもあるんだけど。この地域、人間、地球の力、自然のもののおいしさとか、地球をすごく感じられる大分の良さを、どんどん出していけたらいいなって。だから、ラジオをやってても面白いし、コーナーを作ることも面白いし、別府大使をやることも面白いし、日出大使をやることも面白いし。一日警察署長もやったし、たぶん消防署長もやるだろうし、自衛隊員にもなるだろうし。

KEIKO：ね。いろんなことを。**マークがいろいろやると、私もやんなきゃって**（笑）。

賤川：それは私も思ってるんですよ。

マーク：いつか外ロケとかも！

KEIKO：だからこそ、私、こうやって、今、マークに懸命に恩返しができる！

賤川：うまい！　ウケる！

一同：（笑）。

KEIKO：**本当、ありがとうと、ごめんしかない。**

マーク：いや、KEIKOは一番でかいことをやるから。

KEIKO：え？　でかいこと？

マーク：**でかいこと。それは、だから大分県知事。**

KEIKO：え、知事？　知事になるんですか？

賤川：え、知事かい！（笑）

KEIKO：県知事かい！（笑）

マーク：なる。

KEIKO：**絶対にならない**（笑）。

賤川：載らない（笑）。

KEIKO：この話、本に載るんですか（笑）。載らない、載らない、

賤川：ありがとうございます、うれしいです！

載らない（笑）。

マーク：じゃあ、ボクが一日県知事をやる。

KEIKO：**こんなギラギラしてる人が県知事って（笑）。**

マーク：少なくとも一日県知事はやりとかするから。

KEIKO：いただきだねぇ。

賎川：だけどマークさんにこうして本当に大分に来てもらい続けて。実際にロケに行くと、そのエリアのことにものすごく詳しくなるんですよね。

マーク：なるね、すごく詳しくなる。

賎川：だからこそ、たぶん、肌感覚での大分県民の優しさ、大分県の良さを知ってもらったことで、別府や日出の観光大使につながった部分もあるんじゃないかって、私はずっと思ってました。

マーク：絶対そうだと思います。大分の良さをすごく感じたからラジオも続けてられるんじゃないですかね。

賎川：過酷だけど（笑）。

KEIKO：Oさんにも、「いつか1回ぐらいはロケを」と思ってるんですよね。

KEIKO：はいはい、ね。でも、**朝6時は無理（笑）。**

賎川：ではお昼ぐらいで（笑）。

マーク：ゴルフのコーナーもあったよ。

賎川：前に、番組のロケでゴルフもやりましたね。

マーク：あれは湯布院（ゆふいん）だったね。

賎川：そういえば、マークさんはOBSのテレビインタビューの中で、「大分に移住したい」なんて話もしてましたが、その話もちょっと進みつつあるんですよね。

マーク：あるある！　いろんな場所を探してて。最近、臼杵にいい候補を見つけてね。

KEIKO：何を？

マーク：家を。

KEIKO：うそ！

マーク：あら、ちょっとここいいな、みたいな。また相談してみよう、って。もう、めちゃめちゃKEIKOに近づいちゃってるんですけど。

KEIKO：大分に本気で住みたいって（笑）？　大分の寒暖差も魅力だけどね。

KEIKO：**自分が石像になるのね。**

マーク：そうそう石像に（笑）。もちろん別府にも住みたいんだけど、別府って家同士の距離が近いわけよ。そうすると、猫を放し飼いにしたら怒られそう。

マーク：今は神奈川県民なんだけどね。

KEIKO：神奈川なんだー。

マーク：住民票はね。でも本当に大分県民になるのもいいかな、みたいな。

KEIKO：**いよいよ大分県民感ありますよね。**

マーク：**もう臼杵なんてあれだよ、猫とか、その辺にいるよ。**野良猫がいっぱいいるからね。

KEIKO：いるでしょう？　だから、そういうのも面白いかな、みたいな。この間、竹田市にもいい家を見つけちゃって。だから竹田市もいいなと思ったんだけど、あそこは冬は気温がマイナスになるから。

賎川：ところでリスナーからも届くことが多いメールで「**大分に行ったとき、ここにぜひ行ってください**」がありますが、ぜひおふたりのおすすめの場所をこの本の読者に届けたくて。この場所に行ってほしいなっていう場所で、大分県内で、いろいろ

大分に来たらここには絶対に行け！

check!

賎川：（大分のおすすめは）あると思いますが、マークさんだったら、たぶん多いのは、別府、日出あたりですかね？ KEIKOさんだったら、臼杵とか大分市周辺が多いかと思いますが、まずマークさん、いかがですか？

マーク：俺は大分に来たら、別府だけじゃなくていろんなとこに絶対行くのよ。このまえ日出に行ったときは城下かれいを食べたし、国東ではゴルフもしたし、隅々まで行くのよ。でもね、そんな忘れられてしまいそうな場所こそが大分の魅力なのよ。でもね、実は大分市っていうのは観光する場所がないのよ。

KEIKO：たしかに大分市はないのよ。

smile!

マーク：お城の跡はあるんだけれど、市内にそれ以外はないのよ。海沿いは工場しかないし。あそこで確か僕、ソフトボールの大会に参加したけれど、ねぇ。

賎川：いろいろやってますね（笑）。

マーク：やってますよ～。

KEIKO：いつのまにか、臼杵の話があやふやになってる。この対談も疲れてきたんでしょ（笑）。

マーク：バレた？（笑）　でもさ、臼杵だったら石仏に行くだろうし、佐伯だったら鍾乳洞に行くだろうし、杵築だったら杵築城に行くだろうし、国東だったら八幡さまに行くだろうとか。

賎川：本当に詳しい！

マーク：でも大分市で、僕はあそこに近いわけよ。だから次は県庁行くぞ！　みたいな（笑）。

KEIKO：たしかに大分市はないところにある美術館、なんだっけ？

賎川：大分県庁の近くですね。

マーク：どんな名前だっけ？ めっちゃかっこいい美術館があるんだけどたぶん県外の人は知らないんだけど、全国の人に絶対に知ってほしいぐらい、すげえ、どでかいのよ。

KEIKO：どこにあるの？ その美術館。

マーク：県庁から県道をひたすらまっすぐ歩くのよ。

KEIKO：大分県庁から？

賎川：大分県庁から。

KEIKO：OPAM（オーパム）ですね！

マーク：そう！ OPAM、OPAM!!

KEIKO：しずちゃん、スマホで調べてるよ（笑）。

賎川：大分県立美術館ですね。OPAM、O、P、A、M。

賎川：ああ、すいません！ ……なんでしたっけ（汗）。

マーク：そうだ、OPAM！ OPAMには、大分に来たらぜひ行ってもらいたい。OPAMに行って、そこに展示されている芸術作品を見て、次に別府も行ってほしい。別府にも芸術がいっぱいあるのよ。例えば、芸術家たちが住むアパートがあったりとか。

マーク：そこの入り口に行くと、どでかく4つのアルファベットがボーンってあってさ。そもそも音楽も芸術なんで、僕はその美術館でいつかKEIKOと2人でなんかの音楽イベントをやりたい。そして、その一日館長を……。

一同：（笑）。

賎川：また館長をやるんですか（笑）。

マーク：ぜひ、やらせてください！

賎川：そういう、一日○○が多いであるの。

賎川：ありますね～。

マーク：なんか面白いのがいっぱいあるの。そうして、各地の芸術、音楽、食……いろいろ味わいながら大分県を楽しんでほしいなって思います。

KEIKO：マーク、また、うま

くまとめたな〜。

マーク：今日すっげえ調子いい！

一同：（笑）。

KEIKO：でも、この調子が（今日の対談のあとの）生放送では続くかわからないので。

賤川：今日の生放送は、この対談と4本目の収録のあとですからね！

KEIKO：今は私たちの本のためのトークだから、まだまだ頑張ってね。

マーク：大丈夫、めちゃめちゃ仕事できる！

賤川：では、もうちょっとだけ続けましょう。OPAMは確かに外から見ても、すんごい目立つし、お

> 「忘れられてしまい
> そうな場所こそが
> 大分県の魅力なのよ」
> （マーク・パンサー）

Smile!

しゃれなんですよね。

マーク：でしょう？ 中もすごく立派だし、期間限定の催し物もすごく充実しているの。絶対あそこには行ったほうがいい。

KEIKO：OPAMね。私も行くよ。

マーク：そしてぜひ入って。ちょっと一瞬でも。入場はタダだからさ。

賤川：企画展などはお金がかかりますけど、基本的には無料ですから。

マーク：すごく、いい場所。だからあそこに例えばDJブースを1個入れて、ちょっとした静かなアート音楽を楽しむ「globe day」みたいなアートイベントをやりたい。

KEIKO：いいね！

マーク：「globe day」だから、地球を表す芸術を並べるとか、世界中の芸術を入れてみようとか、そういうイベントをやる。一日でいいからやったらいいと思うんですよ。

KEIKO：（スマホでチェックしながら）OPAMは本当におしゃれだね。

賤川：KEIKOさん行ったことはありますか？

KEIKO：はい、ありますよ。

賤川：でしたら、出演者一同からのおすすめですね！

マーク：芸術を肌で感じると、次は大分市内のちょっとしたおしゃれなものが目に入ってくると思うん

「次は3人一緒に
湯布院回り
ですね！」
（賎川アナ）

です。例えば大分市内にもいい感じのナチュールワイン屋さんとか、あったりするのよ。

賎川：よくご存じですね、あります。

マーク：みんな、気づかずに通り過ごしちゃいがちなんだけど、OPAMから始まれば、絶対そういう感度のいいお店が目につくから、パッと入っていくと思うんだよ。これぞ旅の楽しみ方ですよ。だから旅の一発目は、その土地の美術館に行くべきですよ。

賎川：まさかOPAMがこの鼎談に出るとは思わなかったですけど、KEIKOさんはどうでしょう？大分に来たらここ行って、という場所は？

KEIKO：どこでしょう……山田屋（笑）。

マーク：いいね、偉い！

賎川：ご実家のふぐ料理屋ですね！globeファンにとってまさに聖地です。

KEIKO：ね。あとほかにも挙げたいんだけど、私、大分には18年間しかいなかったでしょう？そして、一番いろんなことに興味がある年代を過ごしたのが、大分じゃなくて大阪とか東京だったから。帰ってきて、今ようやく大分をゆっくり見てるところ。大分で「ああ安心するわ」と思える場所を探してるので。でも、湯布院は行ってほしいな。

マーク：ああ、じゃあ、一緒に行こうよ。

KEIKO：行こう行こう！

マーク：この間、2人で花見に行ったところもよかったよね。

KEIKO：あそこも、いいね！

マーク：あそこも、いいね！

KEIKO：臼杵の城跡だ。

マーク：うん。臼杵城だったね。

賎川：いいですね。KEIKOさんはさっき、「湯布院は行ってほしい」って言っていただきましたけど。

で感動したのは、池から煙が出る場所。

賎川：金鱗湖ですね。

マーク：あれはすごかったね。

KEIKO：金鱗湖はすごいよね。

マーク：今は海外の観光客のほうが多いんだけど、日本人にもぜひ来てほしい。もっと日本人に、湯布院のいいところを知ってほしいのよ。

賎川：ああ、湯布院昭和館！ マークさんと湯の坪街道でロケをしたときに、実はKEIKOさんも車の中にいてもらって真横で見てましたよね。

KEIKO：そうだ、そうだった！

マーク：「一緒に行こう」っつったら

マーク：そして、2人でOPAMのベンチに座ってさ。そうすると、ファンのみんながそのベンチに座りに来てくれるのよ。そのベンチでぜひglobeの曲を1曲。「あなたの好きなglobeの曲が聴ける大分のベンチ」。いいでしょ。

KEIKO：いいですね。

賎川：あそこも、本当に素晴らしい。その日マークとKEIKOが座ったベンチに、ファンのみんなにも座ってもらったりして。

賎川：お！

マーク：湯の町、湯布院。

KEIKO：そう、湯布院！

賎川：湯布院ね。

KEIKO：そういうことじゃん。例えばOPAMも一緒に行こうよ。

マーク：いいね！俺が湯布院ロケ

賎川：以前に湯布院の人気スポットの湯の坪街道でマークさんとロケをしたことがあります。次は3人一緒に湯布院回りですね！

マーク：いいね！

KEIKO：一緒に行こう。

「嫌だ」とか言ってて（笑）。「雨降ってるし」って（笑）。

賤川：雨降ってましたね。あのとき寒かったんですよ～。

KEIKO：そう。こんな感じだから、「行こう」って言っておいて、ロケの当日になったら、「嫌だ嫌だ」って言うかもしれないけど（笑）。

マーク：でも、**金なんとか湖は絶対見るべきですね。**

賤川：**金鱗湖です**（笑）。

KEIKO：そう、金鱗湖。ちゃんと覚えてね。

賤川：まとめると、KEIKOさんの今のおすすめは湯布院ですね。

KEIKO：やっぱり湯布院、いいな。

賤川：やっぱり泊まるなら旅館です

か？

KEIKO：そうですね。温泉付きの旅館がいいかな。

マーク：初めて大分来たときに、俺、奥さんと来てたんだけど、KEIKOが最初にすすめてくれた場所が湯布院の旅館だったのよ。

KEIKO：山荘 無量塔（むらた）ね。

賤川：あと亀の井と玉の湯が有名ですね。その3つが御三家っていわれています。

KEIKO：玉の湯もいいんだよね～。

マーク：そう。この本を読んだ人はとにかく大分に来て！

大分で「ああ安心するわ」と思える場所を探しているんです

（KEIKO）

Smile!

番組そしてマークとKEIKOのこれから

賤川：こんな感じでいろいろお話ししてきましたけど、この番組は大分の魅力と、あとなんといってもglobeの魅力もたくさんお届けできてるかなと思います。お2人は今後、どんな話をしたいな、どんな情報を届けていきたいなっていうご希望はありますか？

KEIKO：さっき言った通りで、私もちょっと、温泉だったりとか、ロケに一緒に行ってみたいなと。

マーク：globeの曲の解説なんかは、番組で普通に語ってきたけど、さっき話したように、KEIKOと一緒に「このglobeの曲は大分のどこの場所と合うのか」って語るコーナーをやってみたい。

KEIKO：いいですね、ぜひやりましょう！

賤川：じゃあ、それを徹底的に語ったりして。

KEIKO：じゃあ、マークは**もっと大分に来なきゃいけないね。**

マーク：いや、どんどん来るよ。だって、「住む」って言ってるんだから。

KEIKO：そうだよ、住めばいいんだよね。

マーク：そうだよ。

賤川：KEIKOさん的にはいかがですか？　この番組が始まってだいたい1年ぐらい経ちましたが、どう？

KEIKO：私的にですか!?　どうだろうな。今のままでも十分いいですけど、やっぱりロケに行っていきたいですね。

マーク：そこで俺の誕生日じゃないってことにされちゃうからさ。

KEIKO：例えば『Joy to the love』は、日出だったらこことか、佐伯だったらこことか、豊後高田だったらこことか。『across the street, cross the waters』は、どこなのか。

マーク：きつすぎないロケは来てよ。きついロケは来なくてもいいから。臼杵かなとかさ。

KEIKO：『is this love』はどこか、とかね。

マーク：全部、曲調違うわけじゃないですか。じゃあ、ちょっとトランスっぽい『garden』は、どこなのかって考えて、それはなぜか、スタジオでも一緒に来そうにして。

賤川：そうそう。

KEIKO：この番組はさ、素晴らしい絶景を見るために一番上までロープウェイに乗って行ったのに、たまたま霧だらけで**「これ、どうする？」**とかいうロケもあったから（笑）。

マーク：そうそう。前にあった！

賤川：やってさ、ステージに上がらされて。それで、みんなが見るところだから、**マークさんめちゃくちゃ恥ずかしそうにして。**

マーク：恥ずかしいなんてもんじゃないよ！

KEIKO：キティちゃんたちがいるステージに上がったんだよね（笑）。

マーク：あそこにはさ、家族連れも多いけど、熱烈なキティちゃんファンもいるわけよ。こういう、もう、でっかいカメラ持って。

賤川：一眼レフの！　ハーモニーランドは可愛い写真スポットやインスタ映えポイントも多いですもんね。ぜひこちらも多くの方に足を運んでほしいです。

マーク：これじゃ、**スタジオで来た**ふりしたほうがよかったよ、って。

KEIKO：**そんな皆さんから「違う、あなたじゃない」みたいな空気を出されたから**（笑）。

マーク：それはそうだ（笑）。

KEIKO：**ハーモニーランドでしょ**（笑）。

賤川：日出町にある超人気テーマパークですね。

マーク：だから、KEIKOとはそういう厳しいロケじゃなくて、例えば大分市内のご飯屋に行くと……

賤川：**それは禁句です**（笑）。あのときは別府市の鶴見岳ロープウェイに乗りましたね。あの日はたまたま霧でしたが、普段は別府市内と大分市内を一望できる絶景が広がっています。ぜひこちらも多くの方に足を運んでほしいです。

賤川：それも楽しそうですね。ロケについては、お2人のご希望を教えていただければできる限り叶えていきたいと思うので！ 2024年はぜひ一緒にロケに行きましょう。

KEIKO：はーい！

賤川：それでは最後に。この本、全国で発売されます。

KEIKO：発売すんの？

マーク：本当に発売するんだ。

KEIKO：当たり前ですよ！ じゃあ今日はここまで、なんの時間だったんだ（笑）。ただの雑談で、こんな1時間以上ももらえないですよ。それでは締めの言葉としてお2人に、番組の魅力、大分の魅力、そして、視聴者、リスナー、読者の皆さんに、メッセージを一言ずついただければと思います。ではまずマークさんから。

マーク：僕らの『JOY TO THE OITA+』のOBS公式本が出ることがうれしいよね。かつてはファンクラブの会報こそあったけど、

場所が合うね、とかを話す企画はなかったんです。globeとKEIKOさんにいろんなお話伺いました。毎月、第1月曜、生放送もやっていますので、『JOY TO THE OITA+』ぜひお聴きください。

マーク&KEIKO：お聴きくださ

みたいに、この番組のコーナーとしてglobeの曲と大分のこの

とがうれしいよね。

KEIKO：うれしいよ！ うれしいし、あとさっきマークが言った

マーク：でも、うれしい？ うれしくない？

KEIKO：だって同じようなこと言ってもしょうがないしな〜。なんか、いつもメッセージって困るんですよ（笑）。

賤川：やめて、やめて（笑）。割愛しないでください。お願いします！

KEIKO：KEIKOさん？ 同じです。

賤川：では、KEIKOさんはいかがでしょうか？

賤川：県外の方もradiko（ラジコ）で聴けるのでぜひ。でも、本当に楽しみですね。おかげさまで新しい可能性も見えました。ということで、ここまでマークさん

いうことで、ここまでマークさん

賤川：全国発売の本を出すっていうことやっていきたいなって思いますね。

だから、ぜひ『JOY TO THE OITA+』を聴いてください。

だから、最近はリミックスアルバムやベストアルバムが続いてたので、この本は新たな2人が見える、面白い内容だと思います。なので、ぜひこの本を買って、『JOY TO THE OITA+』も聴いてほしいなと思いますね。

fin.

OBS70開局周年を記念して
開催されたOBS70th感謝祭
「Fun+Peak!!」。
globeのKEIKOとマーク・
パンサーが緊急参戦！
盛り上がりを見せた
伝説の1日をレポート。

OBS70th感謝祭
「Fun+Peak!!」

イベントレポート

KEIKO、約15年ぶりにステージへ

2023年9月24日。OBS開局70周年記念イベント「Fun+Peak!!」の壇上にKEIKOが立った。約15年ぶりのステージだ。

場所はJR大分駅前広場。公開生放送2日目のスペシャルゲストとしてマーク・パンサーとKEIKOの2人が参加した。会場に集まったのは、この日を待ちわびた数千人以上の観客達。クレーンカメラまで備えた大掛かりなイベントで「ここまでの規模はイメージしてなかったですね。OBSの小さなスタジオがちょっと大きくなるくらいかなと想像してました（笑）」と驚くマーク。

観客の視線はやはり、久方ぶりに登場したKEIKOの姿に集中する。しかしKEIKO本人はそんな空気にひるむことなく、堂々したもの。「緊張しますが～」と語りながらも「15年以上ぶりですね。もっとかな？ お久しぶりです！」と、元気にあいさつした。

冒頭から、KEIKOの底抜けに明るい語り口は健在だった。賤川寛人アナウンサーがリスナーからの質問、「今の一番の楽しみはなんですか？」と問いかけると、「教えられませんね～（笑）」とおどけて返し、会場を沸かせる。KEIKOと並んで立つマークも「こういうことが起きることを夢見

みなさん元気ですか？
久しぶりのステージで
緊張します！（KEIKO）

SHHHHHH...

WAAAAAAA!!

Woooow!!

こんな日を夢見て
ラジオを続けて
きました。
夢が実現した！
（マーク）

て、ラジオを続けてきました。夢って実現するものですね」と興奮を隠せない。

さらに会場には軟式globeのパーク・マンサーとKOIKEもジョイン。本人らの前でオリジナルのラップと歌を披露するまさかの展開に。「すごいことが起きていますね。軟式globeと"公式globe"が同じステージに……!」とマーク。その言葉が、観客の笑いを誘った。

2人が選ぶ「favorite globe」

スタートから大きな盛り上がりを見せる会場で、最初のコーナー「favorite globe」が始まった。globeが届けてきた数多の楽曲から、マークとKEIKOが好きな曲を「3曲だけ」選ぶ企画だ。「これはなかなか難しいよ」「けっこう大変でしたよ」と、2人は話す。

トップバッターは、マークだ。「今回は、王道ではなく『隠れた名曲』を3曲、選んでみました」というマークが1曲目に選んだのは『outernet』。6thアルバム『outernet』のタイトル曲だ。「このイントロが、すごくいいのよ。朝、目が覚めてウトウトしているなかでこの曲から始まると、だんだん『今日一日、行くぞ！』ってなってくる。でも、イントロの2分くらいの間だけは、もう少し、ウトウトさせて……って」。魅力を大いに語る。

Fun+Peak!!

Peace!!

YEAH!!

Boom!!

みなさん、はじめまして！
マークの娘のマディーです。
DJも勉強中です（マディー）

続いて紹介した2曲目は、ギターの音色が印象的な『another sad song』。TM NETWORKの木根尚登が作曲に参加した楽曲で「いつもと違うブルージーな感じがいい」と魅力を語る。KEIKOも「この曲は、歌っていて気持ちよかったです！」と言葉を添えた。

そして3曲目は『THE MAIN LORD』。シングルはglobe featuring MARC名義で、マーク1人が歌う曲。だが、アルバム『outernet』にはKEIKOも共演した『THE MAIN LORD』が収録されている。「このアルバムバージョンは神曲ですね。KEIKOがラップにのっかってくれる、数少ない曲ですね。これが、いいのよ！」。KEIKOも「いつもと逆で、新鮮でしたね」と振り返った。

次は、KEIKOの番だ。1曲目に選んだのは『illusion』。4thアルバム『Relation』の収録曲だ。KEIKO自身が作詞した楽曲。「これね、詞がいいんですよ～。書いたの、誰!?」と、ジョークを飛ばしつつ「好きなんです」と熱い思いを語った。この曲から本格的に作詞に挑戦するようになったというKEIKOは「初めて、詞をほめられましたね」と当時を思い出す。

そして2曲目。イントロが流れると同時に、会場から拍手と歓声が沸き上がる。KEIKOが選んだその曲は、『Feel Like dance』。1995年8

月発売、世の中にglobeの名を知らしめたデビュー曲だ。

「この曲は家族が大好きな歌なんです。とくに亡き父、晋太郎が一番好きだった。だから、絶対に思い出しちゃうんですよ」。そう、しみじみと語るKEIKO。マークも「僕にとってはもう、この曲といえば10万人コンサート。ステージ裏の階段でド緊張していた僕ら2人……もう一生、記憶から消えないですね」と続ける。

ラスト、3曲目に選んだのは『FACES PLACES』。「最後の『I'm still I'm still〜♪』の、私はそれでもなお、探してるよ、という部分がすごく好きです」と強調する。歌っていると、コントロールできないほどの感情が溢れてくる、とKEIKO。マークも「今でもDJイベントでこの曲をかけると、全員が大合唱するんです。みんなで一つになれる曲。大好きですね」と話した。

参加者たちが歌唱力を競った

その後は、芸人・パンクブーブーの2人も加わって、会場を巻き込み「イントロクイズ」を開催。続いて、一般参加者がglobeの曲のワンフレーズを歌い、歌唱力と表現力を競う「globeワンフレーズ選手権」へ。課題曲となったのは「Can't Stop Fallin' in

Fun+Peak!!

Guffaw...

globeファンの
みなさんも、
本当にすばらしい！
（賎川）

Wow!!

OBS70周年、本当に
おめでとうございます。ラジオも
応援してください！（マーク）

Love』。なかでも一番の難所、「踊る君を見て恋が
はじまって〜♪」から始まるワンフレーズ。30秒
足らずの短い一節に、9人の参加者たちが挑んだ。
KEIKOからは、裏声への切り替えがコツ、とい
う歌唱のポイントが伝えられる。

参加者は、地元大分や近隣の福岡だけでなく、
兵庫や東京、北海道などの遠方からも集結。真後
ろでKEIKO本人とマークが見守るという緊張の
シチュエーションだったが、2人は、歌が終わるた
びに「上手〜！」「声がきれい！」「いいですね〜」
と賛辞を贈って場を和ませた。憧れの2人を間近に、
「大ファンで……会えてうれしいです」と声を詰ま
らせる挑戦者も。

それぞれが精一杯の歌唱を披露する中、優勝を
勝ち取ったのはKEIKOの地元、大分の臼杵市
から参加した女性。親子揃って参加し、その母親
が勝利を掴んだ。

100%、globeのDJタイム

充実のステージタイムは、はやくも終盤。ラス
トは、マークによるDJプレイ「Fun＋Pea
k‼スペシャル」だ。1曲目の『DEPARTU
RES』が流れ出すと、会場からは自然と手拍子が。
「今日は来てくれて本当にありがとうございます！
短いですが、がっつり盛り上がっていきましょう！」。

YAAAAAAY!!

POW!!

また頑張りますので
よろしくお願い
します！（KEIKO）

マークの言葉でスタートした。続いて聴こえてきたのは『Get Wild』。そしてステージにはマークの娘、マディーさんも参戦。曲が『FREEDOM』に変わると「DJは娘にまかせて、ラップ歌っちゃおうかな！！」と、会場が待ちに待ったラップも披露された。さらに軟式globeも加わり、曲は『Love again』に。そして最後はやはり『Feel Like dance』。10数分という短い時間だったが、会場が一つになって沸き上がった、大盛況のDJタイムとなった。

来るべき、globe30周年に向けて

イベントの終わり、マークは「ぜひこれからも応援してください。そしてずっと頑張っていって、30周年は何かやりたいね！」と、globe30周年となる2025年への意気込みをにじませた。そしてKEIKOは「本当にご心配おかけしました。今は元気です。また頑張りますのでよろしくお願いします！」と胸の内を語った。

あっという間の2時間。記念すべきOBS70周年のイベントは、KEIKOとマークの強固な絆と、今も変わらずglobeを支えるファンの姿を再確認する一日となった。globeの灯火は消えない。それどころか、その明るさはさらに増していく。このことを確信できる一日となった。

Fun+Peak!!

Contents

マーク・パンサー

大分はすでに、ホーム。

2年間、番組スタッフと
「同じ夢」を追いかけてきた
globeのマーク・パンサー。
現在の『JOY TO THE OITA+』の前身である
『JOY TO THE OITA』『GLOBISM』から、
OBSアナウンサー・賎川寛人とともに大分を盛り上げてきた。
そんなマークが、大分への想いや番組への愛を語る。

「大分県って、"健康県"だと僕は思うんですよ」

別府には湯けむりを出す、globeの力強さがある

——まずは温泉の「別府八湯(はっとう)温泉道表家」名人認定おめでとうございます。

マーク・パンサー(以下、マーク)：ありがとうございます。

——これは、なかなか簡単にはもらえませんよね？

マーク：いやいや、別府にある温泉のうち150湯くらいがこの温泉道に登録していて、そこから88湯を巡ると、名人に認定されます。湯気(ゆげ)と根気があれば大丈夫(笑)。各温泉にはスタンプが置いてあって、湯を楽しみながら押していきます。最終的には、別府の温泉の楽しみ方をみんなに伝えられるよ！

僕は、月1回しか大分に来ないから「何年ぐらいかかるのかな～」と思ってましたけど、2023年4月にスタートして、後半は1日に9湯をすべて回ったりして、11月には88湯をすべて回りました。1湯15分ぐらいで、お湯をしっかり味わいながら入りましたね。

——別府の温泉は本当に最高ですよね。

マーク：でも、最初は恥ずかしかったですよ(笑)。銭湯みたいな、要は脱衣場もみんな見られちゃうし、外からも見えちゃうようなところもあったりで。でも、もう入れば入るほど恥ずかしさがなくなって。湯めぐりは本当に奥が深い！

——「お湯を味わう」とおっしゃっていましたが、一湯一湯、温泉の入り心地が違いますか？

マーク：これは違います！別府八湯の浜脇温泉、別府温泉、観海寺温泉(かんかい)、堀田温泉、明礬温泉(みょうばん)、鉄輪温泉(なわ)、柴石温泉(しばせき)、亀川温泉はそのかな(笑)。その効能もその性質も全部違いますね。例えば明礬温泉一つとっても、お湯は何通りもあって、非常に個性があるんです。

——県外から来た方でも、挑戦できますか？

マーク：もちろん！一冊110円の「スパポート」っていうスタンプ帳を買ってもらえれば挑戦できます。僕は今、2巡目に入りました。あと「九州八十八湯めぐり」っていう温泉道もある。このあいだ福岡で仕事があったんで、福岡の3湯に全部入ってきて。来週は長崎、佐賀で仕事があるんで、そこも全部入ろうかなと。そしたら99湯に到達するので、名人から「仙人」になるんです。それも取ろうかな(笑)。

——温泉にぞっこんですね！

マーク：はい。今、「温泉観光アドバイザー」っていう資格も取っていて。日本全国の温泉の性質や観光地も頭の中に入れながら、日本全国の温泉も巡っていこうかなと。この88湯の名人を目指す過程で、別府だけじゃなく、「温泉」というものにハマりましたね。温泉は「globe(地球)」の力を使って温かくする物。そして別府には湯けむりを出すglobeの力強さがある。だから僕、別府に惚れたんですよ。

——なるほど、地球(globe)の力ですね。

マーク：そうそう。僕が好きな日出町(ひじまち)はとても素敵な町だけど湯けむりはないし、ここ大分市にも湯

大分はすでに、ホーム。

けむりはない。だけど、別府には湯けむりがある。地面の下のほうに地熱と温泉水が溜まっていて……そんな不思議なところに惚れた。僕らglobeも、まだまだ、このくらい力強くやっていかなきゃいけないんだなっていう気持ちになります。

——マークさんの美しいお肌も、温泉効果でしょうか？

マーク：もちろん。さっきは観海寺温泉に入ってきて、めちゃめちゃ調子いいです。あそこは美湯ですから、性質的に肌がツルツルになるお湯。乳液とか化粧品をつけて綺麗になるのももちろんいいですけど、でも本来は、温泉の力を借りたりしながらナチュラルに綺麗になるんです。

いくと、別府がある大分県って、**「健康県」だと僕は思うんですよ。**は健康県、そう思うんですよね。

——入浴料、たったの100円で健康になれるわけですもんね。

マーク：しかも別府には無料の温泉もあるからね。温泉に入って、帰りには地獄蒸しを食べればいいじゃないですか。こういう、別府の、すごいことじゃないですか。これって、

たとえば別府の「地獄蒸し」っていう料理は、温泉の湯けむりで野菜を蒸すことによって旨みと栄養をギュッと凝縮させる。これって、すごいことじゃないですか。ガスも使わない、電気も使わない。エコロジー的にも完璧で、地球に、そして温泉の素晴らしさにハマりましたね。

もはや別府はホーム。「ただいま」と帰る場所

——マークさんは別府市の観光大使も務めて、その魅力発信に、力を尽くしている印象です。このところ手応えというか、別府の魅力が広がってきましたよね。

マーク：広がってきてると思います。今年がちょうど別府市の市制100周年なんですよ。

——詳しいですね！

マーク：100周年に向けて何かできないか、明日、別府市長とミーティングをするんですよ。僕はミュージシャンだから、音楽で何かができないか、とか。あと、僕は大学で講師もしてるんですけど、そこでAIやメタバース、AR、VRなども扱っていて。こうした「デジタル」と「自然」と「レトロ」っていうテーマをうまく組み合わせると、インバウンド客や若者がこの町に来るんじゃないかと思って、この町が動き出しているんじゃないかと思うんですけどね。こ

——マークさんは健康そのものですね！

マーク：僕は健康だから、肌が綺麗なんです。健康だから痩せるんです。健康だから、病気しない。そうやって健康のことを気にして健康にいい。だからやっぱり大分

れは、僕がやっていかなきゃいけない。「大使なんて名ばかりだ」って言う人もいるんだけれども、せっかく任命いただいたからには、やっぱりできるだけのことはしたいなって。まあそういう性格なんでしょうけどね。

——別府の物件を探すほどの勢いで、惚れ込んでいますね。

マーク：大分・別府って、世間的には「一番観光に行きたい県」ってイメージだと思うけど、これが「一番住みたい市」になってくれたら面白い。そのためにも別府にアートと食、音楽をうまく組み合わせたいんですよ。今は、アートがちょっと弱いから、その部分を加えて、さらに僕としてはもう1個「健康」っていう分野も入れることで、もっともっと人々が別府、さらには大分に惹かれるんじゃないかなと思っています。

——実際、マークさんは大分に惹かれて、最近ではもはや大分に「来ている」のか「帰ってきている」のか、わからないほどですね。

マーク「来たよ」よりも「ただいま」のほうがしっくりくる（笑）。もう都会に住みたくなくなってしまったんですよ。僕が「都会」っていう場所を捨てたのは、いつだか忘れちゃったけど。昔は東京、ニューヨーク、パリっていうものに憧れて、そこに住むことが大切だったんですよね。それで田舎を捨て親も捨て……みたいな。僕もそうだったんです。

——若いときはみんなそうだと思います。

マーク　でも考えてみると、都会で得たものってほとんどなくて。

「今の生き方は
絶対に面白いな
と思う」

大分はすでに、ホーム。

不健康になったし、得たのはお金ぐらい。一生懸命働いて稼いだお金も使うのはシャンパンだったり、記憶にないところで使ってたり……それは面白くないなと。だから、鎌倉に住むようにしたんですね。次に選んだのは長野の山奥、北八ヶ岳というところです。そこに最初の拠点を作り、神奈川県の湘南にも拠点を作ったんです。そして、たまたまKEIKOが大分出身だったから大分によく来るようになって、別府に惚れ込んだ。こうして**「山は北八ヶ岳」「海は湘南」「湯は別府」**っていう3つの拠点を固めることができました。

──どこも魅力的ですよね。

マーク：そしたら調べれば調べるほど、面白いことがわかってきた。鎌倉時代から大分、豊後を守ってきた大友氏っていますよね。戦国時代の大名・大友宗麟（そうりん）が有名だと思いますけど、彼は大友氏の21代目。鎌倉幕府のときにその3代目に大友頼泰（よりやす）っていう人がいて、彼が源頼朝先輩から頼まれて、怪我をした兵士たちを全員別府に連れてきた。そして鉄輪や浜脇に療養所を作って、大分の温泉文化を広めていったわけです。だから、僕の住む鎌倉と別府って実はもう750年前ぐらいから強く繋がっているんです。その事実に気がついた瞬間、この2つをもう一度繋げてもいいんじゃないか、と思って。鉄輪の蒸し湯に行ってみると、大友さんと一緒に来た僧侶・一遍上人（いっぺんしょうにん）の像が飾ってあったり、別府の八幡浅見神社って実は鎌倉の鶴岡八幡宮と所縁があるとわかったり。そういう歴史や文化に触れて面白いなと思っていると、どんどん別府に惚れ込んでいくんですよね。

──では、別府にはやっぱり「ただいま」って感じですね。

マーク：拠点が3つなので、どこも「ただいま」。街に住んでるよりも全然お金を使わないし、街に住んでるよりものすごく心が豊かになって、街に住んでるより健康的。いろんな人に出会うし、いっぱい動くし、いい。この今の生き方は絶対に面白いなと思いますね。

──番組が繋いだ素敵なご縁。

マーク：そう。ただね、日本酒ってお酒の中でも一番難しい。温度や湿度がちょっと変化するだけで甘みや香りが変わる世界。これは本格的に勉強したいと思いました。同じような製作所を家に欲しいと思うぐらいハマっちゃって、ゼロから造るなら水から選ばせてくれと。

発売後、即完売。日本酒「仏歌鬼舞」の誕生秘話

──大分で『仏歌鬼舞（ぶっかきまい）』というお酒まで造られましたね！

マーク：番組スポンサーさんの三和酒類株式会社さんと「最初はワインを造ろう」って話していて。大分の安心院（あじむ）でもワインを造ってますよね。でも、ワインは早くても3年かかるから、それはいつかやろうっていうことになって、三和さんが「実はこういう施設を作りました」って宇佐市に連れていってくれた。そこは「個人で日本酒が造れる施設なんだ」と。観光大使もやっている日出町には名水が3つあってそのうちの1つが山田……KEIKOの本名なんですよ。だから山田湧水がいいなって。

──ここまでくると偶然とは思えません。

でしょ。調べたら、ちょっと軟水すぎるんだけど、おかげで甘くなる可能性があると。そこ

ラジオが好き。スタッフと「同じ夢」を追いかけてきた

……から本を読んですっげえ勉強して、杜氏（とうじ）ともすごい友達になっている。いろいろ教えてもらって。我が子を作るような気持ちでゼロから最後まで、それこそラベル貼りまでやらせてもらいました。

そこでパッと出てきた言葉が、「臼杵のKEIKO」と「地獄の別府のマーク」。「仏の臼杵」と「別府のマーク」。「石が歌い」「鬼が舞う」。

今年は「ヒノヒカリ」っていう大分の米で造ったんですね。ただ、発売とともにすべて売り切れちゃったから、来年はもうちょっとたくさん造って、お米も山田錦にしちゃおうかな。

——酒粕も活用されていると聞きました。

マーク：日本酒を造るときに出た酒粕で、今サブレとかも作ってるんですよ。そのサブレをKEIKOに食べてもらったら「美味しい」と言ってくれたので、これも「仏の臼杵」って名付けて。実は酒粕サブレって英語で「MARC（マーク）」っていうんですよ。フランス語では「マール」って発音するけど、僕の名前の綴りと同じでしょ。だから僕って、いわば酒粕なんですよね。それで「マーク」っていう酒粕にしようと思って。

酒の粕は酒の井戸、酒井（さかい）さんみたいなショップを作ろうかな、とか。そんな新たなアイディアが湧いてきて、今それにハマってますね。

——お酒もまさにglobe、地球の産物ですね。その酒粕で作ったサブレも健康によさそうです。

マーク：いいと思います。数年前から「SDGs」という言葉が現れましたけど、流行とは関係なく、SDGs的なことをすべて自然にできるのが田舎なんです。これが街だったら余計なことがいっぱい出てきて、日本酒の値段も多分3倍ぐらいになってたんじゃないですかね。「俺の酒だぞ」みたいな（笑）。

——OBSもマークさんにとってもう我が家のようなものですね。

マーク：そうですね。まだ受付を通れるパスくれないんですけどね（笑）。首から下げたいんだけど。

——そこは「顔パス」ということで（笑）。あらためてOBSはマークさんにとってどんな場所ですか？

マーク：毎月1回来る気持ちいい場所ですね。楽屋も用意してくれるんだけど、僕の席はいつもここ、1階のオープンなロビーです。いつもここに座って、ほよ〜んと待ってるのが好きなんですよ。

——マークさんはこれまでにさまざまな番組に出演されてきましたが、OBSのスタッフさんはいかがですか？

マーク：僕、ラジオがすげえ好きなんですよ。いやというほど聴くんです。ポッドキャストも聴くし、ラジオは耳から入るものが好き。ラジオは真剣に聴くと記憶に深く残るんですよ。OBSはテレビ番組も作っているけど、僕をラジオのほうで起用してくれるから、それもすごくうれしくて。スタッフとも、めちゃめちゃ会うようになった。すんなり溶け込めて、なんか家族のように一緒にいられる。ずっと同じ夢を追いかけてきて、ついにKEIKOが来るっていう夢を成し遂げた。これってすごく面白いことだと思うんですよね。

——『GLOBISM』から『JOY TO THE OITA』、そして『JOY TO THE OITA＋』に至るまで、KEIKOさんとマークさんは、KEIKOさんが戻ってくる場所を大事に育ててきたわけですね。

マーク：そうです。こうやって家族だと思って信用してたら、来年は僕も賤川さんもクビになってKEIKOだけの番組になったりしてね（笑）。

——せっかく本が出るのに！

マーク：番組名も変わっちゃった

「OBSのスタッフとは、
なんか家族のように
一緒にいられる」

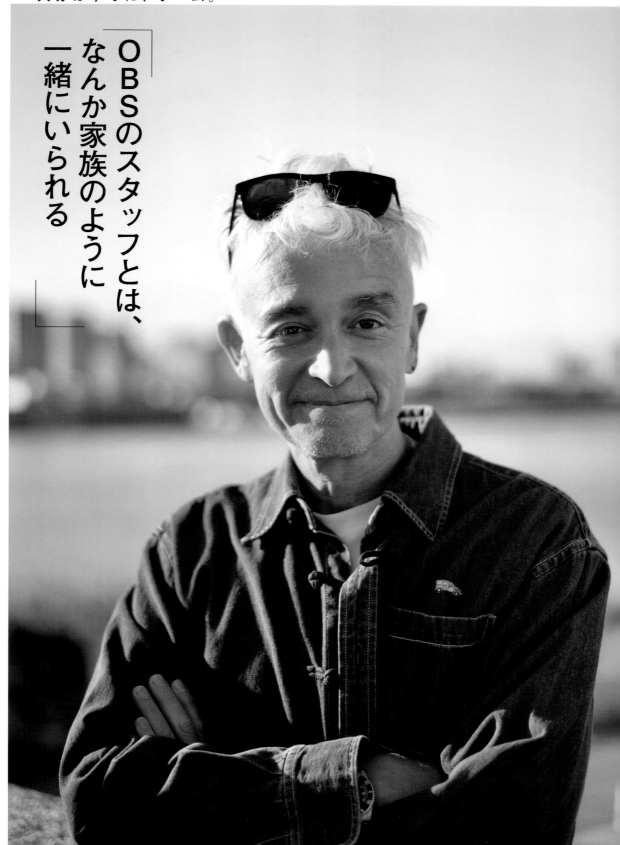

『JOY TO THE OITA＋』もゆるくて いいんじゃないのかな

りして（笑）。

——さすがにないと思いますが（笑）、KEIKOさんもすごく居心地が良さそうですよね。

マーク：なんか気持ち良さそうですし、楽しそうですよね。ちょっと、いろいろあったからね。リラックスしてもらうのが僕たちの役目なのかなと思いますね。そもそも、それがラジオというものなので。KEIKOだけじゃなくて聴いてるリスナーさんにも、1日の中でいろんなことがあったりすると思うんですよ。そんな人たちが聴いて、ほんの40分かもしれませんが、ほっこりしてもらえるのが『JOY TO THE OITA＋』の使命なんじゃないですか。たしかに聴取率は意識しなきゃいけないけど、「そこだけではない」っていうのがみん

なの気持ちだろうな、と。そういう波長はスタッフ全員、合ってるんじゃないかな。リスナーの皆さんとも波長が合ってるような気がしますね。

——マークさんから見て賤川さんってどんな人物ですか？

マーク：小さくてちんちくりんで眼鏡で（笑）。でも、優しい外見から想像がつかないと思うけど、すごく引っ張ってくれる。僕がどっちかっちゅうと、「何でもいいや〜ん（大分弁）」なんですよ。僕は、人々が求めているものは「なんでもいいや」をほっこりさせてくれるんじゃないですかね。

——いずれは大分市長になっていただいて、大分の観光大使のマークさんとタッグを組んで。

マーク：「こうです」「ああです」と決まりきったカタい世界って、みんなもう聞き飽きてると思うんですよ。会社でも、家に帰っても「こ

うです」「ああです」だらけだし、ラジオでも、テレビでもそうした形式的でコンプライアンスに縛られる世界になりがち。だから僕は、どっかに「遊び」がなきゃいけないと思っていて、『JOY TO THE OITA＋』もゆるくていいんじゃないのかなという考え方なんです。だけど、ときには形式的に整えないといけないところもあって、そこをちゃんと軌道修正してくれるのが、やっぱプロのアナウンサーであるしずちゃんなんですよ。彼は、**アナウンサーより政治家になったほうがいいんじゃないのかなと思うんだよね（笑）**。そのぐらい、見えないリーダーシップを持っていて。その力が多分、みんなってるような気がします。

——ラジオそのものが本来のナチュラルな姿なんですね。

マーク：しずちゃんが、うまく引き出してるんじゃないですか。多分、裏ではすごく大変な思いもしてるんだとは思いますけど……人間だからね。**夜一緒にいて、ゴリゴ**

——本当に実現しそうですね（笑）。

マーク：そういうしずちゃんだからこそ、KEIKOもすごくやりやすいんじゃないですか。

——たしかに2023年1月の初回放送から、KEIKOさんは自然に溶け込んでいましたよね。それはマークさんの存在はもちろん、賤川さんの持つ空気感もあって。

マーク：本当に自然なんですよ。そこがすごいところ。他のアナウンサーさんの番組だと、どうしてもかしこまるわけです。すると、KEIKOは緊張するし、僕も「ちゃんとしなきゃ」ってなる。それがないのは、しずちゃんだからこそ。だから僕は、すごくぴったり合っ

マーク：じゃあ、俺は別府市長をやりますよ（笑）。

リに酔っ払っちゃうところを見ると「あ、つらいこともあるんだな」みたいな（笑）。でも、いざ番組が始まると「僕にはつらいことなんて一切ないんだ」と言わんばかりの明るさ、笑顔！それが素晴らしいなと。

——ただ、あの笑顔の裏でマークさんの過酷なロケを組んでるのも賤川さんです（笑）。

マーク：でも、それも楽しくて、すべてが勉強になるようなことばかりなんですよ。いつも言うんですけど、こんなすごいロケ、ラジオでする必要は全くなくて（笑）。やってるふりでいいんです、ラジオなんだし。YouTubeの動画さえ撮ってないんだから。「ふりでいいやん」みたいに思うこともあるんだけど、それを彼は真剣にやってるんですよ。

——そこからどうやって軌道修正したんですか？

マーク：KEIKOがよく僕に言うんです。「かっこつけすぎてるときのマークは駄目だ」って。

KEIKOの言葉が導いた新展開

——おかげさまで本書のカバーもカッコ良く仕上がりましたが、撮影で着ていたマークさんの洋服ブランド「BN20F（ベネバン）」についても教えてください。

マーク：鎌倉で「旅をするブランド」ってコンセプトでスタートしました。実はこれが初のアパレル参入。僕、モデルって小さい頃（2歳）からやってみたいなんだけど、アパレルが爆発したのって、僕がだいたい15歳の頃から20歳ぐらいまでなんですよ。DCブランドの世界ですね。でも、今はどっちかというとファストファッションとかアウトドアブランドが主流だと思うんです。それなのに僕は、自分のブランドで1年目に時代に合わないことをやろうとしちゃったんですよ。かっこつけすぎちゃったんですよ。

「逆に "6割ぐらい" の、ちょっと疲れてたり二日酔いだったりするときが一番いいんだよね」

と。なので、1回ブレーキをかけて、実店舗じゃなくオンラインにシフトチェンジしました。そして「旅」ロゴもちょっと変わって、もっと僕らしいものができる。

僕がデザインした服を「さらにあなたがいろいろ動かせますよ」「あなたが新たに『旅』を続けてみたらいかがでしょうか」というコンセプトにシフトチェンジします。そして「旅」と「デジタル」をうまく掛け合わせたブランドを2024年からスタートさせるつもりです。今は「BN20F」ってブランド名ですけど、次は「縫製」っていう意味のフランス語を付けた「BN20クチュール」。

——まさにKEIKOさんがおっしゃるような？

マーク：そうそう、最初は100%を求めちゃって、ちょっと我を忘れてました（笑）。今までのもか

っこいいんだけど、素材から何か
らこだわりすぎちゃってた。その、
かっこつけすぎな感じが今の時代
にも合ってないし、遊びがない。
というか、「遊ばなきゃ」って、無
理に遊んでるところが、ちょっと
もったいなくて。もちろん、最初
に作ったデザインは取っておきます。

次の「B
今着てるシャツもそう。次の「B
N 20クチュール」では例えば、こ
のシャツの胸元のワッペンを自分
の好きな大きさに変えて注文でき
たりする。そうやってデジタルを
駆使した、新たなブランドへと変

わっていきます。

——最後にメッセージを!
ください!

——マークさんのところに本を持
ってきたらサインする、と?

マーク:まずg l o b eファンの
皆さんには絶対に読んでほしい。
1冊は読むため、もう1冊は永久
保存版として2冊買ってください
(笑)。なんなら、さらにもう1冊

買って、3人のサインを集めてく

マーク:もちろん! 実際、20
22年に発売したg l o b eのメ
モリアルベストBOX『1000
0Days』がそう。目の前に持
ってきてくれたら、サインしますよ。
で、次は『JOY TO THE OITA+』
のファンの皆さん。この人たちは
本を読んで、僕とKEIKOと
しずちゃんの、のほほんとした
雰囲気に癒やされてもらいつつ、
こうやってラジオ番組ができる
んだと知ってもらえたら。あとは、
写真集とかオシャレな本を集めて
いる人も、ぜひ買ってください。
テーブルの上にポンとさりげなく
置いといて、周りから「何これ?」
って聞かれるように、話のネタに
なるように仕掛けてもらえたらう
れしいです(笑)。

JOY TO THE KEIKO

interview

KEIKO

聞き手 賎川寛人 アナウンサー

レギュラー出演開始から1年が経過し、今や番組に欠かせない存在となったKEIKO。そんな彼女が初めて語るマーク、家族、OBS、そしてファンへの想い——。「JOY」なKEIKOをみんなが待っていた！

ラジオを通じてファンの気持ちが伝わってくる

KEIKO：(マーク・パンサーと賤川アナのソロページのデザインを見ながら) 今日の私のインタビューはこれのKEIKO版ってことかな？ タイトルは「JOY TO THE KEIKO」なんだよね。

──番組のようにリラックスしてお願いします。あらためて『JOY TO THE OITA+』、1周年おめでとうございます！

KEIKO：イエーイ！ もう1周年なんですね。本当に早かった。私、この番組に参加して1周年ってことでしょ？ ね、しずちゃん的には私が番組に入ってどうってことでしょ？

──KEIKOさんが出演者に入るって、マークさんがずっと目標にしていたことですし、僕やスタッフにとってもすごく貴重な時間になっています。

KEIKO：そんなふうに言ってくれてありがとうございます。おかげさまで毎週一歩ずつ前に進ませてもらっています。そういえば、最初にゲストとして番組に出たでしょ？ それで私が元気ってことを皆さんにわかっていただけてさらに元気になって、調子に乗って毎週しゃべってますけど(笑)。今はそんな感じで充実しています。

──リスナーとグローバーの皆さんにも、KEIKOさんの元気さが伝わっていると思います。

KEIKO：そうなんですよね、ボイトレも今やってるんですけど、ボイトレに行く前と同じ感じですね、「あ、楽しみ」って。いろんな意味で、今までとはちょっと違う動きっていうか、本当に毎日をJOYできています。番組を通じて、直接皆さんと会話もできるのですごくうれしいです。あと、ファンやリスナーさんの気持ちもすごく感じられますね。「私、元気でしょ！」って言いたかったってことでしょ？ なかなかそういう場もないし、元気でしょ？ って自分から言う機会もないんだけど、ラジオがそういう場になってすごいよかった。

──充実の日々ですが、2023年はKEIKOさんにとってどういう年でしたか？

KEIKO：このラジオもそうですし、何か新しいことを始められる一年ではありましたよね。それまでも始めようと思えば始められたんでしょうけど、「どっから入ったらいいのかな？」っていう迷いがありました。でもマークがこの番組で私のことを待っていてくれた。まずはこの番組に出演して、そこからまたいろいろ……っていう想いがありましたね。

──……ていますか？

KEIKO：JOY？ エンジョイ……

──「やったろう！」みたいな前向きな感じで？

KEIKO：JOY、エンジョイ。できてる、できてますよ！ 収録前日は「明日はラジオだ！」って感じだし、生放送も楽しいもん。マークにも会えてゆっくり話せるしね。

──後ろ向きなことは何もなかった。

KEIKO：すごく前向きです。

──KEIKOさんにとっても大きな変化になった、と。

KEIKO：すごく大きな変化ですよ！ ラジオがそのきっかけにもなりましたし、私も前向きになれた。『JOY TO THE OITA+』がなかったら、私がどういうふうに過ごしているかたぶん伝わらなかったと思う。いくら私が「元気ですよ」ってXにポストしても、「本当に？」って思われただろうし、「本当に元気でしょ？」って証明できた気持ちはあります。OBSさんのイベント出演も楽しかった。声だけだと「本当に本人？」とか言われちゃいますからね。

──僕も周りの方から、「あれってKEIKOさんなの？」「本

KEIKO：……「こういうのはグッとくる」みたいな、かな?」って。

──リスナーの皆さんからの「globeの曲を聴いて励まされました」「KEIKOさんの声が生きる原動力になっている」というメッセージ、たくさん見てきました。あらためておふたりのパワーっていうのはとんでもないなって実感します。

──こういうコメントはどんな内容ですか?

KEIKO：やっぱり歌のことですかねぇ。「歌ってほしい」「私はあなたの歌を聴いて励まされました!」とかそういう声が多くて、励みになります。まあ、「ほんまか?」って思うときとかあるんで(笑)。

当に元気なの?」ってよく聞かれましたもんね。

KEIKO：ね、言われるでしょ? だから「もうラジオで聴いてる通りですよ」って言いたかった(笑)。ステージまで上がらせてもらったし、本当に元気ですよ!

私が歌う日を本当にみんなは待ってくれてるのかな?

──Xといえば投稿数も多くなりましたよね。

KEIKO：増えましたよね。さっきもちょうどつぶやきましたけど。

──「今日はボイストレーニングに行き その後 FACES PLACESを歌いましたぁ～♬ 高っっ!!笑」というつぶやきですね。表示回数があっという間に21万でリポストも600以上!

KEIKO：多いですよね、ありがたいです。

──KEIKOさんの中で、「あ、私が歌う日を待ってくれているの

──マークも同じ気持ちだと思います。

──やっぱりファンの方の想いっていうのは原動力になるんですね。

KEIKO：なります、なります、すごくなりますよ。だから、よく私、ネットニュースのコメントも読みます。

──マークさんは「見なくていいよ」と言ってますよね(笑)。

KEIKO：読まない人、多いじゃないですか。あ、こういう意見の人がいるんだ……って傷つくからかな。それかマークみたいにネットを見ない人(笑)。私はどっちかというと、真剣に読むタイプですね。Xもけっこう追ってますね。

──ご自身もXでライブを見に行ったことを報告されてましたよね。

KEIKO：行きましたね、姪っ子の影響でTWICEのライブに! 韓国のPOPミュージックは最初のK-POPブームの頃から刺激を受けてましたね。お尻を振るダンスとかすごくかわいかったよね。しずちゃん、知ってる?

──なんでですか(笑)。

KEIKO：みんなが「KEIKOって本当に元気?」って思うように、私も「ほんまか?」って思うときもあるわけっていう(笑)。けっん腰じゃないんですよ、「本当に私が歌う日を待ってくれているのかな?」っていう想いが強くなります。やっぱりファンの期待に応えたいんですよね。

しました。

KEIKO：うれしいな。でもまだまだ頑張らないと! もう毎日自分のお尻を叩く感じですよね。「さあ、頑張れ、頑張れ」って。そういうメッセージを聞くとさらに想いが強くなります。

—わかりますよ〜。でもKEIKOさんがそんなに刺激を受けていたとは知りませんでした。

KEIKO：受けましたよ、刺激を。もちろん日本のグループからもたくさん受けてます。

—最近の曲は声のトーンもダンスも難易度がものすごく高い印象を受けるんですが、KEIKOさん自身も90年代やゼロ年代（2000年以降の流行文化）とは違うイメージをお持ちですか？

KEIKO：ぜんぜん違いますね（笑）。

—今、globeの曲を聴いてもまったく古いっていう感じはしないですもんね。

KEIKO：しずちゃんからみて、まったくないですか？

—ないです。だって僕、家いるときはずっとglobeを聴いてるんですよ。特に最近の曲にはもうついていけない（笑）。でも、globeも90年代ではちょっと早かったと思いますよ。

—先日、Xに全身写真もポストされましたけど、90年代の頃とスタイルが変わっていないですよね！

KEIKO：頑張っております（笑）。

—リポストを見ると、ファンの方々も同じこと感じてるんだなって思います。

KEIKO：ね、私もうれしい。でもあれはたまたまそう見えるように撮れたから。

—そんなことはないですよ〜。

KEIKO：あとはいっぱい撮った中から、「ちょっと痩せててかわいく見えるな」っていうカットを選んでね。でも写真はいじってないですよ（笑）。

—なんでですか（笑）。ちゃんと

—いつも目の前で見ているので細いことはわかっています（笑）。KEIKOさんって、太らないように何かされてるんですか。

KEIKO：ダイエットですか？ してますよ。夜はあまり食べないようにとか、ちゃんと考えながらやってますよ。

—あとはお米をあんまり食べないとか？

KEIKO：そうですね。お米は好きですけど、玄米を多めだったりとか。食物繊維も意識して食べます。でも最近はけっこう食べてますね。目標体重にいったので（笑）。だからこそリバウンドが怖い。また戻っちゃったらどうしようって。でもね、目標体重からさらに5キロ減ったんですよ。目標体重はかつての体重だっただけど、そこからさらに5キロ！

—それってすごいですよね。勝因は何ですか？

KEIKO：それは言えませんよ。ちゃんと

ヨガ、ピラティス、ボイトレ毎日めっちゃJOYしてます！

—いつも目の前で見ているので教えてくださいよ！

KEIKO：運動はちゃんとしてますよ。あとヨガも行ってるし、ピラティスとかも行ってますし。現状に満足せずちゃんと通ってキープしなきゃいけないです。

—十分にスタイル抜群だと思いますけどね。あと、最近いろんなお仕事がちょっとずつ増えてきたと思うんですけど、多忙な中でもJOYな毎日を送れていますか？

KEIKO：もう毎日、めっちゃJOYしてますよ！ 今日はボイトレに行って歌うことを楽しんで。この本のソロインタビューも楽しいし、ラジオの収録ではマークとの会話も楽しんで。あと、姪っ子と一緒に出掛けてボーリングを楽しんだりとか（笑）。姪っ子はカラオケもけっこう好きなんですよ！ ひょっとしたら歌が好きなのかもしれない。なんて思ってこの間、「（私の）お姉ちゃんたちとみんなで一緒にカラオケに行く？」って

JOY TO THE KEIKO

聞いたら「行かない」って……もう全然、好きちゃうやんって(笑)。もちろんそのときの気分もあるんでしょうけど、今は成長期だから、メイクやファッションにも興味があったり。女の子はみんなそうだもんね。

——じゃあ、一緒にメイクをしたりするんですか。

KEIKO：いや、「いらなくなったのちょうだい」って(笑)。知らない間にいろいろと成長してるんですよね。

——それでも可愛くて仕方ないのは伝わってきます。あと、KEIKOさんの趣味もお聞きしたいんですが、変わらずゴルフなんですかね?

KEIKO：ゴルフですね。ゴルフはやっぱり楽しいです。

——実はオンエアで一回も触れていないんですが、KEIKOさんのベストスコアっていくつなんですか?

KEIKO：えー、ベストスコア、いくつや? この間どれぐらいだったかな。100は超えて……。

ヨッピーさん(この日の取材に同席)：たしか8かな。108!

KEIKO：いや、118じゃなかったっけ?

ヨッピーさん：いやいや、118です。そもそも、僕の初ラウンドってKEIKOさんと一緒だったじゃないですか。

——そういえば一緒だったね。

KEIKO：そうか、108か。かなりオーケーが多かったけどね。

——あの時は本当にあり得ないぐらいに足を引っ張って本当に申し訳なかったです。

KEIKO：いえいえ、そんなことないです。だって、私はベストスコアこそ108だけど、やっぱり今でも120でいいほうやもん。

——では108で確定ということでよろしいですね?

KEIKO：そう、108。煩悩(ぼんのう)か(笑)。

——でも、この間のゴルフコンペで思ったんですよ。「KEIKOさん、絶対めっちゃ練習してる。間違いなく上手くなってる」って。

KEIKO：はい。ちゃんと打ちっぱなしの練習に行きますね。週1回ぐらいのペースかな。

——そういえば1年ぐらい前、KEIKOさんとお姉さんとヨッピーさんと僕でゴルフ場を回っていたとき、途中で雪が降ってきたことを覚えていますか?

KEIKO：雪降った! あったね。「ミュージックビデオみたい」ってみんなで話したのを覚えてる。

——あの時から僕だけゴルフのスコアという時間が止まってる。

KEIKO：しずちゃん、置いてくで(笑)。ゴルフはね、なんか目標にしたほうがいいです。でも、しずちゃんとのゴルフは楽しかったからまた一緒にやりましょうね。

——2024年の目標は「ちゃんとゴルフをする」なんですよ。

KEIKO：「ちゃんとゴルフする」。かわいい(笑)。

——(耳を赤くしながら)KEIKOさんのお姉さんもどんどんレベルアップしてるじゃないですか。

KEIKO：お姉ちゃんはすごい。

ヨッピーさん：すげえ飛ばすよね。

KEIKO：飛ぶよな、あの人。

——それを聞くとさらに焦ります。

マークと一緒にいるといつでもリラックスできる

——一緒に、といえば、最近はマークと一緒にいることが多いじゃないですか。以前も一緒に行動することって多かったんですか?

KEIKO：ありました。globeがデビューしたとき、マークと私2人の取材・インタビュー・撮影が多かったし、ほとんどマー

「マークと私はきょうだいなんです。それぐらい楽しい」

クと一緒でしたね。

──3人単位で動くんじゃなくて、2人単位で動くことが多かったんですね。

KEIKO：多かった！　雑誌の撮影とインタビューはほとんど2人でしたね。だから、マークと一緒にいる環境が出来上がってましたね。

──マークさんって、昔から今と同じような性格なんですか？

KEIKO：まったく一緒ですね。ぜんぜん変わらないけど、健康オタクっぷりがすごくなったぐらいかな。昔から健康志向ではあったんですけど、今のほうがすごい。肌とかツルツルだもんね。やっぱり彼のそういうこだわりの部分って、幼少期の頃からずっとモデルである自分の中の「かっこいいときの自分を崩さない」っていうプロ意識の強い表れだと思うな～。私もマークを見習わなきゃって思いますもん。

──今も昔もその空気感って、2人だけのものですよね。

KEIKO：そうですね。そうかな？……どっちだろう。でもね、マークも私も裏がないんです。だから、しずちゃんが感じ取ってくれている空気感そのものだと思います。マークは自然体だけど、少しかっこつけはかっこつけですけど、全然カッコつけないマークが私はすごい好きで。この話をすると「昔からそうだったよね、KEIKOさんも。は」ってマークは言います。今なんて「あんたもう50過ぎたんやで。だからこそカッコつけなくていいじゃん」みたいな（笑）。

──マークさんは何をしてもカッコいいですよね。

KEIKO：この本のマークのソロインタビューページはすごくいい。マークの表情、気が抜けた感じですごくいいなって。いい写真が撮れてます。だから、こういう気の抜けた感じも作れる彼はすごい。ただ、気を抜くともっとすごいことになります。私のスマホに入ってる彼は「ウソでしょ！」っていうぐらい自然体なの。私ね、本当、この人ときょうだいなんですよね。それぐらいマークと一緒にいると楽しくてリラックスできるってつくづく思いますね。

──こういう静止画、普段は撮られることなんてないから。特にカメラから目線を外すのって恥ずかしいんですね。

KEIKO：え、本当？　私、カメラを見るほうが恥ずかしい。

──僕、カメラ目線が恥ずかしいから、いつも「目線をそらしてください」って言われるとうれしかった。

KEIKO：私は見るほうが恥ずかしいから、なんか変な方向を向いてスカす感じができなくて。

──あと、一緒にカバー用の写真を撮ったときにすごいなと思って。超慣れてるし、いちシャッターごとにポーズも表情も変えていましたよね。そんなKEIKOさんでも最初の頃は慣れない時期もあったんですか？

KEIKO：ありました。まさに最初の頃ですよ。デビューはいきなりの『Feel Like dance』で「ボーカルは誰？」って注目もされて、

──写真といえば、僕もソロインタビュー用の写真を撮ってもらったんですが難しかったですねぇ。

KEIKO：特にひとりだと難しいでしょ、恥ずかしいでしょ。私

JOY TO THE KEIKO

『『DEPARTURES』からジャケット写真が解禁になるぞ」みたいになって。「いやいや、そう言われるとすげープレッシャーだし!」みたいな。

——たしか最初は顔出しがなかったですもんね。

KEIKO：そうなんですよ。だから、アー写(アーティスト写真)っていうのを撮るんですけど、なんと最初があの篠山紀信さんでした。

——うわ〜、あの巨匠の! 先日、こっちも「なんとなく乗ってくる」

他界されましたが、篠山紀信さんとの撮影はどうでしたか？

KEIKO：すごくお上手です。記憶にないぐらいガッチガチに緊張してたんですけど、リラックスできるように撮ってくださいましたね。気分を乗せるのもお上手なんですけど、「いいよ、いいよ!」とかじゃない。「なんかいつのまにか撮ってる」みたいな感じでしたね。被写体の褒め方もお上手で、うでしょ？

KEIKO：ね、プロが撮ると「意外とかっこいいじゃん!」って思

——なんか、いい笑顔してんなと

というか。篠山紀信さんがド素人の私を「え？ こんなかわいく撮ってくれるんだ」って感動してしまって。

——僕はこの本のスリーショット見たときに、「うわ、すごいきれいに撮れてる」って感動してしまって。

山田屋のステージの上で小さい頃は歌っていた

——ところで、マークさんとKEIKOさんがラジオで共演するようになったきっかけって、やっぱり臼杵の山田屋さんでご飯を一緒

思って(笑)。

KEIKO：そうそう、そういう感じですよ。「私、意外とかわいいじゃん、大丈夫、大丈夫」みたいな(笑)。

に食べたことかなって。

KEIKO：はいはい、そうだ。

――そのツーショット写真をSNSに上げたことがサプライズ出演につながったので、僕の中で山田屋さんってものすごい神聖な場所なんですよ。

KEIKO：お恥ずかしい（笑）。でも母が喜びますよ。あのときはわざわざマークが食べに来てくれて。たしかヨッピーがマークを連れてきてくれてたのがきっかけだったよね。

ヨッピーさん：そうそう、ただのきっかけだけど、そこからつながっていって。

――番組にKEIKOさんをつないでくれたのはマークさんとヨッピーさんなんですけど、そのポイントとなったのは山田屋さんですよね。KEIKOさんのサプライズ出演のあと、僕と番組のプロデューサーで「ありがとうございました」って、ご挨拶に伺ったのも

そうだ。

KEIKO：はいはい、そうだ、だ、山田屋さんにはいらっしゃらないでしょうから、女将さん……つまりKEIKOさんのお母さまに「お礼の手紙をKEIKOさんにお渡しください」とお願いしたんですよ。

KEIKO：そうだったんですね（笑）。

オオトモP：そこにちょうどKEIKOさんが、ヨガかなんかから帰ってきたんです。

――そうそう（笑）。ヨガ終わりでウインドブレーカーみたいなのを着ている状態で。

KEIKO：「あら、こんな格好でごめんなさい」みたいな（笑）。

オオトモP：スポーティーな格好でKEIKOさんが「こんにちは」って入ってきて、もうビックリしました。

KEIKO：恥ずかしい。それは

山田屋さんですもん。

オオトモP（この日の取材に同席）：ただ、山田屋さんにはいらっしゃらないでしょうから、女将さん……

――そんなこともあって、山田屋さんってリスナーさん、ファンの皆さん、スタッフにとっても、思い入れが深い場所なんだなって思っていた際にいろいろと歴史があると聞きました。

KEIKO：母が「あら、そんなことしゃべってくれたの？」って……あれ、何年だろう。たしかもう100年以上続いてますからね。

――KEIKOさんから見て山田屋さんのオススメポイントはどこでしょうか？

KEIKO：オススメポイントで……あれ、すごく印象に残っているのが、大広間と大広間をつなぐ、細いおしゃれな道。仕出し専用の場所みたいなことを聞いて、「すご

失礼しました。

オオトモP：いえいえ、感動しましたよね（笑）。

――そんなことはないですよ（笑）。だけど、私も以前に女将さんの臼杵本店っちのヒレ酒も美味しいですよ。なんだか宣伝みたいでいやらしいですよね（笑）。

KEIKO：あるみたいですね……。

――100年以上続いてますからね。

それはうちのおじいちゃんからなのか、ひいじいちゃんからなのか（笑）。

――大広間もあって、大人数で宴会ができますよね。

KEIKO：大広間あります、はい。あの大広間はめちゃくちゃ広い。たぶん30畳から50畳ぐらいかな。

――あと、すごく印象に残っているのが、大広間と大広間をつなぐ、細いおしゃれな道。仕出し専用の場所みたいなことを聞いて、「すご

い！ 山田屋の？ 自分の実家の？ 私の部屋よ（笑）。おすすめは……中庭もそうですけど、やっぱ料理！ 私はふぐの白子が大好きですね。おかげさまでうちの白子は評判がいいんですって。

――あのトロトロな感じは最高で。

KEIKO：あとはヒレ酒ね。う

っ」と思いました。

KEIKO：あとはビールとか日本酒にも合いますよね。

KEIKO：「すごっ」と思いました？　ちなみに片方は私がちっちゃい頃に歌ってたステージがあるお部屋ですね。屏風も置いてあるんですけど、大広間で屏風の前で歌ってました。当時は大きなカラオケ用の再生機があって、レコードを差し込んだり、ボタンの数字を7桁ぐらい押して曲を選んだりみたいな仕組みになっていて、曲を流しながら歌ってましたよ（笑）。

オオトモP：子どもの頃はどんな曲を歌ってたんですか？

KEIKO：演歌が多かったです。カラオケが演歌しかなかったんですよ。そして、カセットテープになってからアイドルの曲が歌えるようになってきて……私、意外と年いってますから（笑）。あと中庭も私のおすすめですよ。ちっちゃい頃は中庭に出て遊んでました。

——当時の様子を父が撮ってくれた8ミリも残してますね。KEIKOさんにとってはご実家ですけど、僕たちはお客さんですけど、ご実家はこっちのほうが好きなんですけど（笑）。

globeの30周年に向けて頑張りたい！

——この本のこともお聞きしたいんですけど、全国版と大分版をご覧になってどう思われました？

KEIKO：ちょっと久々感があります～。

——全国版がマークさんとKEIKOさんの2ショット、大分版が僕も含めたスリーショット。全国版は僕が撮影日に休んだ人みたいですよね。

KEIKO：休んだじゃない（笑）。

ヨッピーさん：そういえば休んでたわ（爆笑）。

——いや、誰よりも先にスタジオに入りましたよ！（笑）

KEIKO：かわいいけどね、こういう写真の載せ方。

——丸囲みですけれども（笑）。

KEIKO：本当にいい表情して......なんだ、ってあらためて思いました。でも撮影自体が久しぶりでしたね。でもツーショットもスリーショットも久しぶり......（全国版を指さしながら）私はこっちのほうが好きなんですけど（笑）。なんてね、本当はしずちゃんがかわいいからですよ。

——そのほうがメンタルにいいですよね。

KEIKO：ただ、思いがけない出来事には弱いです。だから意外と慎重だし、怖がりなんだと思いますよ。思いがけないことがくると「あっ......」っていう感じ（笑）。

——楽しいといえば、読者さんにJOYな毎日を送るためのアドバイスをお願いします！

KEIKO：アドバイスですか？　私が聞きたいぐらいだな（笑）。でもなんだか私って笑って楽しく過ごすことが好きなんですよ。見てこの通りで、あまり考え込まないんですよね。とにかく面白おかしくゲラゲラと。周りからは「ふざけてるのか」ってよく聞かれるぐらい。まあ、半分ふざけてますけど（笑）。あと「JOY」っていうとね、「ENJOY」にも「JOY」が入っているし、『JOY TO THE OITA』もそう。「自分が楽しんでれば楽しいことが舞い込んできますよ」って思いますね。だからあんまりクヨクヨしなくていいんですよ。

——だから、思いがけないことを思い出して、「たとえば～」って言い出して......ないな、と（笑）。

KEIKO：らしいですね。

——KEIKOさんらしいです（笑）。僕も毎日を楽しく過ごしたいけど......楽しいから、嫌な思い出とか事象は全部忘れるんですよ。

KEIKO：ね。だから私もたくさん思いがけないことがありましたけど、お母さんが「よかったわ、明るくて」って言ってくれてたぐらい。何よりもファンの方の応援メッセージのほうが元気が出るし、すごく楽しくてうれしくて。

——ファンの皆さんがKEIKOさんの「JOYの源（みなもと）」なんですね。そして『JOY TO

「THE OITA＋』についてお聞きしたいんですが、OBSの雰囲気はどうです？

KEIKO：いや、ほかにはないですよ、この雰囲気。毎月ここに来てるからホームっていう気持ちはあるし、OBSさんはあったかいです。マークがあってあたためてたいます。おかげさまで生放送のときも収録のときも過ごしやすいです。スタッフの方々のあったかい対応も……しずちゃんは「しずちゃんもあたたかいです」って言ってほしいんでしょ（笑）。

—いやいや。思ってない、思ってない！（笑）恥ずかしくて、僕のことですかとか聞けないんです。

KEIKO：でも、しずちゃんもちゃんとやってますよ、大丈夫です。リラックスもできてます。私はちょっとふざけてますけどね（笑）。

—それがうれしいです。

KEIKO：よかった、今日がラジオの収録じゃなくて（笑）。

—そして1995年結成にされたglobeは……

KEIKO：そうなんですよ、来年が30周年！ 2025年＆30周年に向けて、ちょっといろいろと頑張りたい。体形とかね（笑）。もっときれいになりたいし、もっと歌も頑張りたいし、体もまだまだトレーニングしたいですね。ファンの皆さんには、何もできなかった期間が本当に申し訳ないし、だからこそ期待に応えたい気持ちが

—ラジオでは出演者の皆さんに極限までリラックスしてほしくて。テレビはちょっとカチッてなるじゃないですか。

KEIKO：カチッとした感じないで、しずちゃんは（笑）。うそうそ、しょうもないところがあるじゃないですか。

大きいです。

—根本にあるのは「ファンの皆さんをできる限り喜ばせたい」という想いなんですね。でも、どうしようもないところがあるじゃないですか。たとえば、みんな、風邪をひきたくてひいてるわけでないですし。

KEIKO：そうなんですよね……病気はね、特にそうですよね。（休んでいる間に）時間が経ってしまったけど、ファンの人たちにお子さまがいらっしゃったりするようになった。その子たちからも「聴いてます」とか言われると、すごくうれしいですよね。だからこそ、2024年はいろんな想いや期待に応えたいという気持ちが強くあります。

—2024年も2025年も30周年も楽しみです！

KEIKO：全部ね、楽しみですよ。今日の取材もJOYできました！ ありがとうございました。

いくつもの「偶然」に導かれてこの番組は始まった

自ら書いた初めての番組企画書から
すべての刻(とき)が動き出した
OBSアナウンサーの賤川寛人。愛称は、しずちゃ
ん。大分県で生まれ育った地元っ子が、電波を通して
大分の魅力を伝えている。globeのKEIKOと
マーク・パンサーが持つパワーをいま一番近くで、リ
アルタイムで体感している賤川が紡ぐ2人への気持
ちと番組への愛情。

『JOY TO THE OITA＋』始動から1年が過ぎて

――KEIKOさんが番組に参加されて『JOY TO THE OITA＋』になり、1年が過ぎました。振り返って、いかがでしょうか。

賎川寛人（以下、賎川）：マークさんとKEIKOさんが並んだときのパワーって、尋常じゃない。それを、私がたぶん一番近くで、リアルタイムで体感してきました。実はg lobe全盛期の当時は小学校低学年だったので、そこまでピンときてなかったんです。親から「臼杵に歌姫KEIKOさんがいる」「g lobeは一時代を築いた」と聞いてはいましたけど、昔の映像だけでは当時のスゴさを認識できておらず。でも、2023年からの1年ちょっとを振り返ると「やっぱり2人のパワーってとんでもない」と感じますね。ニュースでの扱われ方もケタ違いですね。

――確かにそうですね。マークさんと2人の頃の番組名は『JOY TO THE OITA』でしたが、この名前はどんな経緯で決まったんでしょう？

賎川：まず番組の大本に「大分の魅力を発見する」というコンセプトがあって。その名前を『Joy to the love』の曲名をもじって『JOY TO THE OITA』にしようと決めたのは、マークさんです。私でもなければ、番組スタッフでもないんですよ。マークさんにタイトルの相談でLINEをしたときに、ご本人から、「しずちゃん、これでいこうよ」と返ってきて。だからマークさんは、この番組名に対しても、コンセプトに対しても、間違いなく強い思い入れがあるはずです。私が番組を進める中で考えているのは、マークさんとKEIKOさん、2人の会話を大切にすることです。リスナーの皆さんにとっては、やっぱり2人の絡みがもっとも気になる部分だと思うから。リスナーの方々はOBSの第1スタジオ前まで、生放送を目掛けて足を運んでくださるんです。大分県内だけでなく県外からも「ひと目だけでも見たい」と、そのオンエア（40分）のためだけに来る。これって、とてつもないことですよね。

――そんな一流アーティストのマークさんを、この番組では驚くほどたくさんロケに連れ出します（笑）。

賎川：酷使。めちゃくちゃ酷使。大酷使してます（笑）。

――すごいですよね（笑）。竹田で豆腐作りのロケをしたり、別府で温泉ロケをしたり。賎川さんの企画や熱意もきっかけの一つとなったのか、マークさんも今やツーリズム別府大使に！

賎川：そうなんですよね。あるとき、某イベントをきっかけに、別府市長とマークさんが話す場を設けることになって。僕は以前、市長と話したことがあったので、その場に立ち会ったんです。その日、お2人が会話をする中で、市長が「マークさん、ツーリズム別府大使になってくださるんです。」と。そしたらマークさんも「あ、やりたいです」と即決でした。

ただ、当時はコロナ禍だったので、大分に来るタイミングがなかなかなくて就任式典を開くのが難しかった。そこで「番組と絡めて、オンラインで式典をしましょう」という話になりました。これによって、OBSにとっては大分でのロケがやりやすくなるし、マークさんにとってもKEIKOさんの地元である大分で、ある意味、拠点のようなことができるのかなと思ったんですよ。

――これはもう運命ですね。別府にゆかりができたマークさんと大分出身の賎川さんの2人に、臼杵出身のKEIKOさんが加わった。

賎川：文字通り、「プラス」で、大分の魅力を伝えられる番組になったわけですね。

「やっぱり2人のパワーってとんでもない」

朝3時起床で始まる、ハードすぎるロケ

賤川：KEIKOさんは臼杵出身の方なので、ある程度、大分のことを知っているんです。だけど、globe結成前に大阪のホテルで働いていたときから、その後globeとしてずっと忙しく活躍されていた時代って、当然ながらほとんど大分には帰ってこれなかったと思うんです。だから大分各地へロケに行き始めたマークさんのほうが、KEIKOさんよりも大分に詳しかったりする（笑）。それが僕としては、面白いなと思っていて。

——確かに！

賤川：なんで住んでない人のほうが詳しいんだ、と（笑）。ここ数年は、KEIKOさんも大分で各地に行かれてるかもしれませんが、それでもまだ、なんとなくしか知らない場所が結構あると思うんですよね。

——この番組を通して、KEIKOさんも大分を再発見、新発見していく。それはKEIKOさんにとっても、すごくポジティブな番組ですよね。

賤川：そうです。あと、マークさんって本当にフランクな方なんですよ。誰に対しても分け隔てなく会話しますし、その人の肩書きとかじゃなくて、どんなコミュニケーションをとるかをよく見ていて。ですから、大分県人との交流をたぶん楽しんでくださっていると思うんですけど（笑）。本人もすごくポジティブに付き合ってくださいました。

——ロケのスケジュールを初めて拝見したときは、笑ってしまいました（笑）。

賤川：本当に酷使して……だって朝3時起きとかですよ。3時起きで早朝からロケがスタートして、夕方まで引っ張って各地でロケ、ロケ、ロケ。そして夕方からスタジオで3〜4本の番組収録をして、最後に生放送が終わったらもう20時10分です（笑）。

——そこからの帰宅、就寝時間を考えると24時間といっても過言ではない（笑）。

賤川：「よく、あんなスケジュールが組めるね」ってたびたび言われます。「賤川はglobeに詳しくないからこそ、これほどハードな企画を立てられる」って。たぶん僕、あんまり遠慮がないんですよ。番組スタッフが「これ、いけますか……？」って心配しても、「あ、大丈夫！ ご本人が大丈夫っておっしゃるから！」みたいな（笑）。これは、もちろん根底に「い

おはよう ナイスキャッチ
月曜－金曜 総合 9:55～

賤川 寛人　森迫 麻衣

「僕、アナデューサーなんで！」

interview　賤川寛人

唯一の国際的な広告映像部門「BRANDED SHORTS 2023」で観光映像大賞ファイナリスト5作品のひとつにノミネートされたんです。そのとき、僕がOBSのニュース番組でマークさんにインタビューして。マークさんの口から「いつか大分に移住したい」って言葉が出たんですよ。大先輩をあんなに酷使しちゃってるけど、それでもマークさんはロケを有意

うな、珍しい体験ができるところに行ったりとか。

——マークさんが喜ぶ場所を選んできた結果、いまやマークさんは別府のお祭りにも自発的に参加するようになったそうですね。すっかり「半分大分の人」みたいな感じになってきました。

賤川：マークさんが出演する「おんせん県おおいた」っていう県の観光動画があって。それが日本で

ものを作りたい」っていう気持ちがあるからです。そして、「ロケ先がマークさんにとって楽しいところであれ」という条件は絶対に入ったりとか。あと、大分の著名なところだけじゃなく、著名じゃなくても、マークさんが好きそ

うに、いつも心がけています。たとえば、マークさんは温泉が好きだから、ラジオだけど別府で温泉に入ったりとか。あと、大分の著名なところだけじゃなく、著名じゃなくても、マークさんが好きそ

出演者さんのテンションが上がるポイントだけは絶対に外さないよ

義に感じてくれてたのかなと思えて、僕はうれしくて。本当に。

自ら書いた、初めての番組企画書

賤川：最初に番組の企画書を出したときの名前、めちゃくちゃダサいんですよ……『マーク・パンサーのDJタイム』ですから（笑）。いろんな人から「ダサい」って言われて変えさせられました。当時2019年で、僕は入社6年目のアナウンサーでした。アナウンサーとしてのお仕事がようやくちょっとわかり始めたぐらいで、まだラジオの企画書は書いたことがなかったんです。でもマークさんは大分にいる。だからKEIKOさんも大分が好きで、KEIKOさんの番組を作れたらって思ったんです。それで企画書を出してみたらなって。

—そもそも全盛期のglobeに触れたわけではない賤川さんが、なぜマークさんの番組の企画書を出したのか、気になります。

賤川：これは単純な話で、マークさんにお願いされたからです。マークさんとは大分市の都町（みやこまち）にある『CLUB FREEDOM』のイベントに参加されているときに2～3回ご挨拶したことがあったんですよ。けど、最初は「大分放送でアナウンサーやってます」ぐらいの形式的な挨拶をした程度でした。でも、そこからちょくちょくお会いするようになり、マークさんから「番組やりたいな」って話があって。僕自身も面白そうだなと思ったし、こんな素敵な方と番組をできたらすごくスキルが上がるだろうと考えて、企画書を出しました。

—ディレクターさんは決まっていたんですか？

賤川：僕です！

—え？

賤川：僕、アナデューサーなんで！

—いいですね、アナデュース。もうすべて自分でやるっていう意気込みだったんですね。

賤川：アナがディレクターもやる。構成も全部僕が作りますって始めたんですよ。でも、マークさんが出演されるので、「ミキサーだけはお願いします！」って。ミキサーがいないと格好つかないですからね。

—マークさん、カッコいいですね！

賤川：ものすごくダサいですね（笑）。最初にマークさんとスタジオで顔合わせをしたとき、このタイトルを見せたら、マークさんが「うーん……」って渋い顔をしたの、めっちゃ覚えています（笑）。で、結局タイトルはマークさんがglobeの一員だから『GLOBISM』でやろうよ、って言われて、「あ、カッコいいですね」と。ただ、それだけだと伝わらないかもしれないので、『マーク・パンサーのGLOBISM』でいいんですか？」って聞いたら、「せっかくしずちゃんもいるんだから、しずちゃんの名前があったほうがいいじゃん！」って。となると、どう考えても「マーク・パンサーとしずちゃんのGLOBISM」ですよね。だけどマークさんが「しずちゃんが、先に名前を出しなよ」って。「え、いいんですか」と恐縮しつつ、『しずちゃんとマーク・パンサーのGLOBISM』（以下、『GLOBISM』）が始まりました。

—マークさんのフランクさと、賤川さんの熱意。この2つが合わさって……

賤川：番組を始める直前にはメディア向けのプレスリリースも出しました。これも自分で書いたんですよ。僕が人生で初めて書いたプレスリリース。そこに『GLOBISM』という名前には、マークさんを中心としたglobeの輪、また、globeを支えてくれる多くの人の輪、globeのともしびを消さないという意味が込められています」と、番組コンセプトを記しました。

——そこでKEIKOさんがサプ

賎川：7月4日の生放送の日ですね。

——そして2022年7月には例の運命の日がやってきました。

賎川：『JOY JOY JOY TO THE OITA♪』っていうジングル作りましょう」ってアイデアをいただいたときは、最高にうれしかったです。

——『JOY JOY JOY TO THE OITA』が始まりました。ここで「大分県の魅力を発見」という現在のコンセプトが具体的になったわけですね。

——『GLOBISM』の2年後に紆余曲折を経て『JOY TO THE OITA』の放送が決まったとき、マークさんから『JOY JOY JOY TO THE OITA』っていうジングルできそうだな」とか「きっとKEIKOさんのことが気になっているグローバーの方々もうれしいだろうな」とか、その程度でした。そしたら翌日の生放送で、本当に僕たちがまったく知らない状況でKEIKOさんから電話がかかってきて！

アナウンサー人生のすべてを凝縮した5分間

賎川：『JOY TO THE OITA』の放送で『KEIKOさんと会ってどうでしたか？』って話がたくさんできそうだな」とか「きっとKEIKOさんのことが気になっているグローバーの方々もうれしいだろうな」とか、その程度でした。

このときの僕が考えたことは、「次きた！と。

でも僕としてはアナウンサーとして、ちゃんと番組を成立させなきゃいけない。それに、KEIKOさんとの掛け合いを盛り上げなきゃいけない。あとは瞬間的に「これはネットニュースになるな！」って思った。なので、ここからの5分間で僕が今まで頑張ってきたアナウンサーとしての能力の成果を発揮しなければ！と。

賎川：よかったです。これはマークさんの影響なんですよ。マーク

さらに生放送を2022年の6月から行うようになり、スタジオのディレクターも増員しました。そういう意味ではやっぱり局の理解と協力も忘れちゃいけないですよね。

賎川：その前日、7月3日に僕とマークさんが大分県の南、佐伯市でムエタイのイベントに出演したんです。いつもイベントが終わったあとは、一緒に打ち上げ的な感じでご飯食べたりするんですけど、急に電話がかかってきて。

賎川：本当に仕込みじゃないんで、報せや中継などである程度の場数は踏んできましたけど、こんな瞬間的に「今から勝負の5分です、ど」っていう経験は初めてでした。

その日はマークさんが「今からKEIKOに会いに行ってくるわ」って。そしたら夜、突然ツーショットの写真がX（当時Twitter）に上がったんです。これがすよ。その「いつか」のタイミングが、今日この瞬間に奇跡的に起こて今までにさまざまなことが起きてきたグループだから、その「メンバーが今もつながっている」って、ファンの方々にとって重要だろうと。あとは、この大チャンスを無駄にしないように「KEIKOさん、また出演するのを期待してもいいですか？」というニュアンスのことを伝えました。

——完璧な5分間ですね。

ライズ出演されました（70ページ参照）。

——そのときの現場の様子は、「こ

れは、やらせじゃないだろう」と

わかるほどの、慌て具合でした。

（70ページ参照）

とにかく、めちゃくちゃ集中し

ました。人生で一番濃密な5分間

でしたね。これまでもニュース速

う瞬間的に「今から勝負の5分です、ど

んな瞬間

ですね。

瞬く間に話題になって。

もう感極まっちゃって。だって『G

LOBISM』の頃から「いつか

KEIKOさんに番組に出てもらいたい」っておっしゃっていたんですよ。その「いつか」のタイミングが、今日この瞬間に奇跡的に起こ

賎川：僕は、KEIKOさんご自身の口から「マークとつながってるよ」という言葉を語ってほしいなと思ったんです。globeって

——かっこいいです！

アナウンサー人生のすべてを凝縮した5分間

その日はマークさんが「今からKEIKOに会いに行ってくるわ」って感じでビックリすることあるのか、というぐらい驚きました。マークさんも、もう感極まっちゃって。

じどご飯食べたりするんですけど、らい驚きました。

もう本当に、本当にこんなにビックリすることあるのか、というぐ

「いつか」のタイミングが、今日この瞬間に奇跡的に起きた！

さんって『GLOBISM』のとき前、2022年11月にKEIKOさんがスタジオに生出演してくださったんですよ（74ページ参照）。

これもYouTubeで話題になりました。たぶんOBS公式チャンネルで今、400万回以上再生されているはずです（2023年12月時点）。

この生出演の日に、僕がいちアナウンサーとして考えたのは、「できる限りスタジオの雰囲気を柔らかに」、そして「僕たちの不可侵領域であるスタジオの中の空気感だけは、誰にも邪魔されないように」ということ。マークさんとKEIKOさんは久しぶりの表舞台だから気負ってくるはずなので、この2つだけは僕が守ろうと強く思ってました。

——KEIKOさんとマークさんが和やかな雰囲気の中、プレッシャーも背負わず楽しめるように。

賎川：そうなんです。これには背景があって。スタジオ生出演の1カ月ほど前、私とKEIKOさん、

きも、僕ら2人だけで『JOY TO THE OITA』をしてたときも、KEIKOさんの話題はめちゃくちゃ優しく語ってきたんです。おそらくマークさんのほうからKEIKOさんへハッパを掛けたりしたことはなかったはず。それは、KEIKOさんのリズムでKEIKOさんの無理のない範囲で、ちょっとずつまた踏み出していってほしいという想いがあったんだろうと。

だから僕からも、KEIKOさんに「出てくださいよ」とは言わず「僕たちは首を長くしてお待ちしますんで、出たいなと思ったときにいつでも来てくださいね」という気持ちを伝えました。このベースを作ってくれたのは全部マークさんです。

——そこからわずか半年でKEIKOさんのレギュラー出演が決まるとは！

賎川：2023年1月からレギュラー出演が始まりましたけど、そ

KEIKOさんのお姉さん、番組関係者と食事する機会を設けてもらったんですよ。そのときにKEIKOさんから「また頑張りたいんよ」という言葉をいただいて。ご本人がこう語ってくれたからには、僕もさらにマークさんと力を合わせて、KEIKOさんの助力にならなければと。11月のスタジオの中では絶対にリラックスしてもらいたい。できる限りプレッシャーやストレスがない状態で出演してほしい。そのときから強く思ってきました。

——その日のYouTubeを見ると、本当にスタジオの雰囲気が和やかでした。動画についたコメントも前向きな言葉が並んでいて。まさに賤川さんが思い描いていた空気を作れたんですね。

賤川：マークさんがすでにOBSになじんだ状態からスタートしたことが、ものすごく大きくて。OBSスタッフをよくわかっているんですよ。ということは、KEIKOさんと、OBSを橋渡しする人が、僕とマークさんの2人いる。そう考えると、やっぱり話しやすいですよね。KEIKOさんは、今までいろんなことがあった中で、しばらく止まっていた時計の針が、今、ゆっくり動き始めたのだと思います。そこで僕たちがいかにアシストできるか。それが一番重要視されるところだと思うので、いやらしくない範囲でできる限りサポートしていきたいなと。たぶんこれは、この『JOY TO THE OITA+』に関わるみんなが思っているはずです。いつかまた立つ表舞台に向けて、できる限りサポートしたい。言い方を変えると、うまく「踏み台」にしてほしいと思ってて。

——現場に来ると、皆さんが信頼し合っているのが伝わってきます。当時を知る世代からしたら「あのglobeがこんなにフランクに話してる！」と驚くほどに！

賤川：そうですよね。僕はその時代を知らないからこそ、変に気を使いすぎずにいられるんだと思います。たぶん40代、50代の方は、「はーっ（土下座）」ってなっちゃうと思うから、30代前半の僕はあえて何もわかってないままでいこうと。マークさんとKEIKOさんが、そう接する僕を許してくれるってありがたいですよね、本当に。

——あの明るさは天性の才能なんでしょうね。

賤川：そう思いますね。収録以外で会話をしているときも、めっちゃ明るい方だな！って思いますもん。本当に太陽みたいなエネルギーの塊です！

——賤川さんから見て、KEIKOさんはどんな方ですか？

賤川：ものすごく明るいですね。本当に明るい。そして、パワーがある。マークさんとは違う力強さを持っています。あと、それだけじゃなくKEIKOさんという方は、実はいろんなことに気を使っておられるんだなと強く思う部分もあって。「自分が元気であれば、ファンの方々も周りの方々もきっと力強くあれるはず」と、そう思ってくださってるのでは。実際に、KEIKOさんの太陽みたいな明るさがあってこそ、うまくいくことがいろいろあるんだろうなと思います。

OBSアナウンサーになったことも、運命の1つ

——賤川さんは大分県出身ですよね。そもそもアナウンサーを目指したきっかけは？

賤川：僕、高校1年生ぐらいのときから、同級生に「アナウンサーを目指す！」と公言していました。きっかけは2つあって。1つは、もう超思春期っぽいんですけど、好きな女の子に振り向いてもらうために目立ちたい。ならば目立つためにはアナウンサーになればいいんじゃ？と（笑）

——ベタですけど大事ですね（笑）。

賤川：ベタなんです（笑）。そのと

いくつもの「偶然」に導かれてこの番組は始まった

況をする古舘伊知郎さんに憧れるようになったのが2つ目のきっかけです。当然、古舘さんの著書も持っていて、『言葉は凝縮するほど、強くなる 短く話せる人になる!凝縮ワード』（小社刊）も、発売されてすぐに買いました。『古舘伊知郎のオールナイトニッポンGOLD』が放送されていた頃は、月1回の生放送に毎回メールを送っていたんですよ。あるとき「OBS大分放送アナウンサー賤川寛人」と名前を書いて送ったら、めっちゃ取り上げてもらえて、すごくうれしかったですね。

——古舘さんの実況への憧れと、女の子に振り向いてもらいたいという気持ちが、アナウンサーへの道を切り拓いたんですね。

賤川：そうですね。最初は「モテれば『JOY TO THE OITA+』が生まれなかった。最初は賤川さんが2019年に書いた企画書から始まったわけですから。

賤川：すべて偶然の重なりですね。

——そんな中で賤川さんがOBSに入社したのは、ひとつの導きだなと感じます。賤川さんがいなければ『JOY TO THE OITA+』が

き僕、応援団に入っていて、声を出す場面が多かったんですよ。あと、学校の活動で演劇をやる機会もあって。そんなときに、いろんな人から、「賤川の声はすごくよく響くし、いい声だ」と言われて。それで、「もしかしたらアナウンサーの適性があるのかも」「しかも、好きな子に振り向いてもらえるかも!」と（笑）。

——甘酸っぱい思い出ですね。

賤川：あともう1つ、僕は実況がものすごく好きで。プロレスの実況をするのが2つ目のきっかけです。

賤川：「早稲田大学アナウンス研究会」というサークルに所属してい

——大学時代は、夢をかなえるために何か活動されていたんですか？

ました。そこは人気アナウンサーの系譜が脈々と受け継がれていて。例えば、NHKでずっと『あさイチ』で収録していたのに、今では10人以上の体制で。スポンサーの方々もたくさん見学にいらっしゃって。

——その経験を経て、いわゆるアナウンサーの試験を受けて。

賤川：そうです。最初は東京を中心に就活をしていたので、いろんな局のアナウンサーになった人たちとも仲良くなって、さまざまに交流が生まれました。

——ちなみに今日は『JOY TO THE OITA+』の話をしていただきましたけど、今ほかに賤川さんが担当されている番組についても少し教えていただけますか？

賤川：OBSテレビの夕方に放送される『イブニングプラス』のニュースキャスターをやっています。あと同じくテレビで『おはようナイスキャッチ』という情報番組を

本当にありがたかったことは、出演されていた近江友里恵さんの2つ上の先輩です。そこで、アナウンスメントを鍛えたり、アナウンサーになるための技術、テクニックなどを先輩方に教えてもらったりしました。

番組が全国的に注目されるように

interview　賤川寛人

「この番組には
たくさんの愛が
詰まっています」

担当したり、火曜日と水曜日は午後1時から4時15分まで『情熱ライブ！Voice』というラジオのワイド番組を担当したり。おかげさまでいろいろやってます。

——脂が乗ってる状態ですね。ちなみに『JOY TO THE OITA＋』は大分に引っ越さないと聴けない番組ですか？

賤川：「ラジコプレミアム エリアフリー」に登録していただければ、県外の方も聴くことができます。登録は有料になってしまうのですが。この本をきっかけに、『JOY TO THE OITA＋』を知った方にぜひ聴いていただきたいです。けっこうglobeの裏話や、かなり突っ込んだ話もしています。番組の中でマークさんとKEIKOさんに関わるトピックスは、できる限りご自身の口から話してもらいたいなと思っているので、グローバーの皆さんに楽しんでもらえるはずです。

——ありがとうございます。では

最後にあらためて、番組の魅力と賤川さんご自身の意気込みを聞かせてください。

賤川：この番組は、もともとマーク・パンサーさんの番組です。マークさんのフランクさ、大分が好きという思いに、さらにKEIKOさんのパワーが乗っかって、今いろんな展開が始まっています。2023年もさまざまなことがありましたが、今後globeのお2人のパワーによって、よりいっそう広がりを見せるはずです。公開生放送のためにわざわざOBSまで来て下さる方々からも、いつもマークさんとKEIKOさんへの愛を感じます。中には遠いところから来て下さる方もいて……本当にありがとうございます。『JOY TO THE OITA＋』は、皆さんのたくさんの愛が1つになって実現しているんな番組ですね。これからもぜひglobeに対しての思いや、いろんなリクエスト等々、たくさんお寄せいただければうれしいです！

RADIO

JOY TO
THE OITA+

トーク
傑 作 選

毎週月曜日・19時30分〜20時10分の40分間放送されているOBSのラジオ番組『JOY TO THE OITA+』。globeのKEIKOとマーク・パンサー、賤川寛人アナウンサーの3名が他愛もない話、大分の話など、ここでしか聞けないトークを繰り広げています。番組の前身となる『JOY TO THE OITA』で放送された回も含めて、3つのセクションに分けて、過去の放送回の中で特に話題になったものをピックアップ！
KEIKOからの突然の生電話から始まった運命の1日。KEIKOとマーク・パンサーが語る楽曲の思い出など、見逃せない内容ばかり！　3人のおしゃべりを楽しんでください！

3sections!

Discover globe	切なさライセンス	Special talk
マークさん、そしてKEIKOさんに、その楽曲にまつわる思い出を語っていただきながらその曲を深掘りしていきます！	リスナーの皆さんからお寄せいただいたお悩みに、マークさん、KEIKOさんにお答えいただきます。	他愛もない話、大分の話など、ここでしか聞けないトークが盛りだくさん！

Discover globe

切なさライセンス

Special talk

これが運命の1日。すべては1本の電話から始まった。

この日の前日、マークとKEIKOの
ツーショット写真がKEIKOのSNSに登場し、
大きな話題となった。
生放送では冒頭からそのエピソードが語られる。
楽しく振り返っていたその時、
まさかのKEIKOからのサプライズ電話が……！

㋲はい。

㋲で、2人でちょっといろいろ話していて。「どう？元気？」って。そしたら「マーク、いいね」って。「だって今日もイベントでglobe流したんでしょ？」と。

賤そう！Yahoo!ニュースに上がってきていて。やっぱり多くの方がどうなっているのか気になっているんですね。

㋲うれしいよね。で、ちょっとなんか写真もかわいいし。

賤そうですね。思いました。じゃあKEIKOさんはお元気そうだったんですか？

㋲元気、元気。とにかくね、globeの話を2人でするわけです。昔の話もすれば、これからの話もちょっとあったり。面白いなって。globeは3人のメンバーだけど、いろんな人が携わってるから、じゃあちょっと声をかけていく？みたいな話しも。

㋲これ、打ち合わせしたような感じで電話したけど、俺、びっくりして鳥肌立ってんだけど！……！

㋕打ち合わせしてないよ～（笑）。

㋲えぇ～～！！

賤ちょっ！！

㋲すごい！

㋕どうも～！

㋲おぉ～！！（拍手）

賤ちょっ！

㋕おっ！！!?

㋲おっ！おっ！（笑）

㋕もしもし～？

㋲もしもし……

Ⓚ KEIKOです。

㋕初めまして、ですよね。globeのKEIKOでございます。

賤あの、大分放送アナウンサーの賤川といいます。

㋕どうも、お世話になっています。

㋲今、ちょうど2人がツイートされたこととニュースになったな……。

㋲「本当？じゃあ今度いつになるかわからないけど、そういうイベントあったら隣に来る？」みたいな。「……いいな」って。

賤えぇ！！本当ですか!?

㋲ちょっとほろ酔いで、KEIKOが「写真撮っちゃおうよ」って。「じゃあ写真撮ろうよ」「ツイートしちゃう？」みたいな。

賤わ～お！

㋲「えっ！だってKEIKOツイート何ヵ月ぶりなの？」と。

㋲「何ヵ月ぶりかなぁ。でも、すごい楽しいし、なんかすごく気持ちいいからツイートしよう」って。それでツイート、本当につぶやく程度で『デート』みたいに入れて、KEIKOが確か「2人で久々にビール飲んでま…

㋲イベントが終わってちょっとKEIKOにLINEしてみようかなって。「元気？今、佐伯にいるんだけど」って送ったら「元気だよ！」って。「あぁ、行く行く、行く！」って。「来てよ！」って。

賤佐伯と臼杵は近いですからね。

㋲で、行って。お母さんもお姉さんもいて。みんなでワイワイして、個室に連れて行かれて「ビールでも飲みましょうよ」って。お母さんが、ちょっとお食事とかおつまみとか出してくれて。

賤あぁ、そうなんですね。

㋲でもね、あの雰囲気は、あの個室の中はすごく気持ちよかったですよ。これ、友達とか、親友とか恋人と……。

㋕あっ、ちょっと待ってください。もしもし……

㋲ん？

ことについて話していました。

㋕私も少し今、聴いていました。

賤（笑）

㋕KEIKO、今聴いてたの!?

㋕聴いてたよ～。

㋕うれしいねぇ……3年越しにKEIKOがこの番組に出てくれたね。奇跡が1個起きたね。

賤この、前番組『GLOBISM』のときから、いつかKEIKOさんにご出演いただきたいですね、なんて話をマークさんとしていたんですよ。

㋕あぁ、そうですか！

賤……感無量です。

㋕よかったです～。

㋲KEIKOの元気な声が電波に乗かるのって……

㋕電波に乗かるの、久しぶりだね。

㋲やばい、賤川さん泣いてるよ。

賤いや、ちょっと、驚きました目の前で。

賤うれしいね。

㋕昨日はありがとうございました、マークさん。

㋕昨日、楽しかった～。

㋲楽しかったわ。

㋕僕、別府に泊まってるんだけど、帰りもう本当にうれしすぎちゃって、車の中で。最高でしたね。

㋕本当ですか？なんか、すみませんねぇ。ラジオ使ってこんな……

● KEIKOさんは、マークさんがよく大分にいらっしゃっていることを知っていたんですか？

Ｋ 知ってましたね。

マ よくLINEでね「会おうよ〜」とか言ってたけど、タイミングが合わなかったりでね。

● それ、思いっきり爆笑されたからね（笑）。

Ｋ 本当ですよね（笑）。

マ ちょっとこれ、KEIKOが生で出ちゃってるからね。いっしょに何かやろうよ、っていう話はちょっとしたんですよ。

Ｋ ですね。そういう話をしたんだよね。

マ ちょっと、ドキドキしてるんだけど。

Ｋ 私もドキドキしてますよ。

マ もう大変なことになっちゃってる。スタッフがドタバタしてるから。

Ｋ ね、やりたいんだよね、俺。

● 生放送中に電話がかかってくるなんて、なかなかないことなので。何があったんだろうと思ったら、KEIKOさんからの声で。私たちはすごく驚いています。

マ なんか俺、悪いこと言って怒られるんかなって（笑）。

● KEIKOさんは最近はどういう風にお過ごしなんですか？

Ｋ ヨガをやってるんだよね。

マ ヨガやってるの？

Ｋ ジムに行ったり、とりあえずトレーニングです。

マ 俺、昨日その話聞いて、俺もヨガ始めよう。

Ｋ そう、いいな、いいな、って思いましたよ。

● 昨日マークさんがイベントでDJをされて、KEIKOさんがその話を受けて「いいな」みたいな話をしていた、と聞いたんですけど。

Ｋ ヨガもやってるんだよね？

マ 俺、俺もヨガ始めよう。もう、KEIKO大好きだから、KEIKOのやってること全部やりたいんだよね、俺。

マ 今、ツーリズム別府大使になったり大分県でいろんな活動をされてるんですよ。

マ あの……もし懲りなければ、また番組にも出ていただきたいなと思いますし。

● そうですね。はい。

Ｋ なんかちょっと、すごい番組になっちゃいましたね（笑）。

マ なんかちょっと、すみません（笑）。

● 本当に、グローバーの皆さん、大分県民、日本で音楽を愛する方々が、KEIKOさんの声を聞けてすごくうれしい気持ちになってくれる方、たくさんいると思うんですよ。そういう方を踏まえまして、リスナーの方に向けて一言メッセージをいただいてもよろしいですか？

Ｋ はい。globeのKEIKOです。リスナーの皆さん、いつも聴いていただいてありがとうございます。そして私ですけど、元気に頑張っております。

> いつかまた、みんなに、歌声を届けられたらいいな。って。

マ おぉ……！

Ｋ そう心底、思っております。頑張りますので応援してください。よろしくお願いします。

マ おぉ……！

Ｋ このあたりでせっかくなのですが……

● そうですよね！ 声を届ける！ 最後のメッセージに2人の声が乗って、電波に2人の声が乗ってきたのが……

マ そうですよね！ なんだかお邪魔しまして、すみません！ 申し訳ありません！

● またぜひともご出演ください……！

マ そう考えるとやばいね！ グッとくるものがあるね。ずーっとやってきて、最後のメッセージで「歌声を届ける」って。「奇跡は必ず起きるのさ」って言ってきたのが現実味帯びてきましたね。

● 灯火は消さない、というふうにいわれて、この大分で番組をいろいろやりながら、各地でいろんなDJイベントをやりながら……それを踏まえた上で、今……

マ 知らなかった！（笑）KEIKOが勝手に、電話番号調べてかけてきたんだよ。すごくなに……！ 今まだドキドキしてる。

マ なに!? どういうこと！ これ、ガチだからね。

● 私たち、本当に何も知らなかったんですよ。マークさんも知らなかった？

マ いや……本当に。今回はとてつもないイベントになりましたね。

● その一歩目が「JOY TO THE OITA」だぜ……！ 3年間続けてよかったよね。

● その一歩目を見たような感じですね。

● 奇跡は必ず起きる、という、その……それを踏まえた上で、今日です。

マ やばい、最高……！

一同：（拍手）

● 本当にもう、びっくりした！

Ｋ （笑）。

マ これは本当に、もうスーパーサプライズですね。

マ じゃあね！ また、あとで行こうかな、なんて（笑）。ありがとう〜！ じゃあね！

Ｋ バイバイ！（電話が切れる）

マ バイバイ！

Ｋ スーパーサプライズですね。

● 本当は59分まで番組があるので、57分まで引っ張りたいんですけど重要な情報は小出しで、ということで

マ ちょっと……

● ……いや、ちょっと……！

マ KEIKOがそのイベント、すべて持ってっちゃったね（笑）。

Discover globe

切なさライセンス

Special talk

再び、突然来た KEIKOからの電話。夢の実現へ、展開は加速する。

その日は、月1回の生放送。
月間テーマ「スポーツ」を題材にマークが
自身のエピソードを語っていたところ
突然、スタジオに電話がつながれる。
受話器の向こう側から聞こえてきたのは、
聞き覚えのある「もしもし」という声だった。

K もしもし！
戝 あれっ？
マ あれっ!? もしもーし！
K もしもし！
マ もしもし！（笑）
マ えっ？
K マークさん！
マ はいっ！ マークです！
マ えっ？
マ えっ！ KEIKO!?
K KEIKO!?

KEIKOだよ（笑）。

っていうかさ！ きてよ！

マ なに、なに!? なんなの、この番組！（笑） すごすぎない！
戝 この番組で唯一、電話をかけられる権利があるのはKEIKOさんのみ。
K なんか気軽にかけちゃってるけど大丈夫かしら。
K 聴いてましたよ～。
マ おぉ～！ どうしたの。
K マジで！ あっ……で、
マ KEIKO、スポーツは？
一同：（笑）。
K 『10000 DAYS』。
マ もうすぐだね。
K もうすぐですよ～。
戝 12月、クリスマス。
K 皆さま、よろしくお願いいたします（笑）。
マ それを言うために電話してきたの、すごいですね～！
K （笑）。

マ いいね。
K しようしよう！
マ globe話とか。
K 僕たちだけしか知らない
戝 この『10000 DAYS』の話いろいろあるよ。
マ この『10000 DAY S』の話いろいろしようよ。
戝 次、行こっか！
K 次、来てよ！
K ごめんなさい！ 今から17分で番組終わっちゃうんで、あと
K 行くよ～。今からはちょっと（笑）。
マ えっ？ ここに！
マ 行く行く！
マ そんな2人でトントン拍子で話決まっていきます？
マ いいじゃん！
戝 KEIKOさん、変わらずお元気で？
K もうめちゃくちゃ元気ですよ～しずちゃん。
戝 ありがとうございます～！
マ いや～すごい……なんかちょっとまた鳥肌立ってんだけど。
K 鳥肌立ってますか？
マ 鳥肌立つよ。いきなり。ちょっと、言ってよ！（笑）

マ LINEでもいいから、今から電話するから、とか。
K だよね（笑）。なんか驚かせたくなっちゃってね。
マ ちょっと後ほどいろいろこちらでいろいろやって……ぜひ！
K またいつか、KEIKOさんに。
マ もし、来れるのならば。
K うん。近々行きます！
K （笑）。
戝 ワーオ!!
マ いや、お元気な声を夏以来また聞けてすごくうれしいです。
K 会いにいっちゃおうかな～。
マ 会いにいっちゃいますか～。
K いいでしょ～？ なんにもお酒も入ってませんので（笑）。明るいだけです～。
マ KEIKO、いいね～！
一同：（笑）。
マ 「JOY JOY～♪」ですね
戝 「JOY TO THE OITA」！
戝 KEIKOさんから……「JOY TO THE OITA」。

戝 KEIKOさん、またぜひ、電話出演が続いていますので、無理のない範囲内でこの『JOY TO THE OITA』に関わっていただければすごくうれしいです！
K いい番組ですね、「JOY TO THE OITA」。
マ 震えるね。素晴らしいね。いい番組だね！
戝 元気ですよ～。ありがとうございます。
K 本当に、近々行っちゃうよ！

Ⓜ 本当に!? もう毎週生放送にしたらどう?（笑）

Ⓚ 近々本当に遊びに行きますね。

◼ ぜひぜひ!

Ⓜ（笑）。

Ⓜ 今、何やってたの? 今日はお客さまが来たりとか。マークは何やってたの? ってラジオだよね。

Ⓚ 今ですか?

Ⓜ そう、ラジオ。今日3時起き。

Ⓚ 3時?

Ⓚ 朝の3時に起きて。

Ⓜ 朝3時!?

Ⓚ って、そんな普通に起きてるような会話を電波で流してもいいの?

◼ それがいいんです。それが大事なんです。

Ⓜ いや〜うれしいな〜。

◼ 電話いただきまして、うれしいです! これは私たちからリスナーに電話をかける番組なんですけど、リスナーから電話してOKなのはKEIKOさんのみなので（笑）。また、これからもぜひぜひ関わっていただければうれしいです。

Ⓜ いや〜、なんか本当にもう……聴いてくれてるんだね、KEIKOもね。

Ⓚ マーク、ゴルフ行きましょうよ。

Ⓜ ゴルフ、行く行く。明日行く?（笑）

Ⓚ 近々!

Ⓜ 本当にありがとう。最後はちゃんとスポーツの話で締めてくれるところがさすがだね。

◼（笑）。聴いてくれてますね。

◼ 本当に驚きましたね。いや、この間で最後なのかなとか思ったら、またほら、みんな放心状態なっちゃって。

◼ はい!

Ⓜ 今日3時起きで、大分着いてYouTubeロケが2つあって、昼から収録でロケで3カ所行きました。うち1カ所なんて、なんかもうすげえスポーツで、もうちょっと足が筋肉痛で。で、

Ⓚ 皆さん、globe聴いてください〜。

◼ はい! ということで、ここまでKEIKOさんと電話をつないでお届けしました。ありがとうございました!

Ⓜ じゃあね、マークちゃん!

Ⓚ ありがとう、KEIKO!

（電話が切れる）

Ⓜ いや、もうびっくりしました……! 本当に生電話だよ。

◼ 本当にありがとう。

Ⓜ いや、本当に驚きましたね。

◼ 今、生放送中でちょっと、ウトッし始めたところでKEIKOから生電話で、もう目、覚めちゃって!

◼ はい!

Ⓜ 素晴らしい。もう、なんていうか頭が真っ白になっちゃってるから、何の話だったかをちょっと、もう1回思い出すと……次、ここに来るって言ってましたよ!

◼ ね!

Ⓜ ね! もう年越しの夢? 本当にここにKEIKO

OBS着いて違う番組2本収録を呼ぶって。ついに実現するわけですか!?

◼ それは、いつかな〜なんて思うんですけど、いずれ来ていただけるってのがわかったのがごくうれしいですね。

Ⓜ 電話だと「本当にKEIKO〜?」って思ってんでしょ?（笑）

◼ いや、私は思ってないですよ。会話聞いてたらこれはもう本当にKEIKOさんだなって思いますよ。

Ⓜ 来たらもう、やばいっすよ。ちょっと来て、いろいろお話ししたいなと思います。この夢、実現したいなと思います。実現するなんて素晴らしいなぁ。

2022.11.28
ON AIR

サプライズ！KEIKOがついにスタジオ出演。約10年ぶりの奇跡。

冒頭から「重大発表があります！」と語る、賎川アナウンサー。
スタジオの扉が開き、そこにKEIKOが現れる。
軽快なトークで、番組はあっという間に終盤に。
そこで2つ目の重大発表。
KEIKOのレギュラー出演決定が知らされた。

賎 重大発表3つあります。1つ目、いきましょう！
マ いきましょう！
賎 ゲストの登場です。
マ おぉ〜！
賎 マーク・パンサーさんがOBSで番組を始めて3年少々。
マ 3年になります。
賎 ず〜っと、1つの思いがありました。
マ やばいです。今、鳥肌立ち始めましたよ。

その思いが叶うときが来ました！

賎 来ました！
マ 来ました！
賎 さぁ！ 扉が開いて入ってきました！
K 入ってきた〜！！ すご〜い！！
一同：（大拍手）
賎 自己紹介をお願いします！
K どうも〜、globeのKEIKOです！ 皆さん、お久しぶりです！
マ わぁ、すごい！ KEIKOが来ました〜！
賎 KEIKOさん、スタジオ生出演です〜！！
K 生出演！ びっくり？

K すごい。よろしくお願いします！
マ ラジオなのに、しずちゃんスーツですから（笑）。
K いつもはもっとカジュアルな格好なのに（笑）。
マ はい。
K そうなんですね。
マ 何かが不思議だったんです。ずっと。

マ ちょっと、いろんな想いだったりとか、緊張感だったりとかいろいろあったかと思いますが、いかがだったでしょうか？
K めちゃめちゃ緊張しましたよ（笑）。やっぱりね。だって相当久しぶりだもん。
マ そうだねぇ……。
マ ちょっと、鳥肌止まんないんですけど……！
K うっそ〜？
マ 本当よ。
K 本当〜？

賎 あの夏から電話出演していただいていたというタイミングがありましたけども、マークさん、ついにKEIKOさんが

IKOさんが隣に座っています。

マ やばいね！
K やばい（笑）。
マ すごいね……！
K すごいね……！ 信じると夢って実現するもんだね。
K ですねぇ。今日は人が多いですね（笑）。私でもそう思います。

K 電話で出演のときもドキドキしながら電話してた。だから来るのは、もうすごい久しぶりで。
K だって電話のときでさえ、ニュースとかで「11年ぶりに電波に乗る」みたいなことで。
K そうそう。
マ その11年前の電波が何なのかを調べてもわかんなかったんだけどね（笑）。
K 全然わからない（笑）。
マ でも11年以上は出てないわけですよね。

K 出てないですねぇ。だから、声もすごい久しぶりで。こうやってね、スタジオに来てこんな近くにいるの。
マ すごい、動いてるよ！
K 本当に！
マ 本物やん！
K 動いてますよ〜（笑）。

賎 KEIKOさん、OBSお願いします！
賎 今日夕方、OBSお越しになって、少し待ち時間があって今、このマイクの前
K マイクの前に座ってですか？
賎 まだまだあるので！
に座っていただいて。どうでしょう？
K マイクの前ですね〜。なに歌いましょう（笑）。
マ おっ!?（笑）
K なんでやねん！（笑）
賎 ちょっとその話は、まだまだ先ということで（笑）。
マ そうだね。

いや、まだまだ緊張してますけどね。
賎 けど、それこそマークさんとも話してましたけど、KEIKOさんが生放送で電話してきたときに緊張されたんじゃないのかな？ みたいな感じもありながら。
K はい。
賎 だけど、普段通りだったよね、みたいな話をマークさんと話し

ていたんですよ。

Ⓚね、そうでしょ？

Ⓜ今も普段通りだよね、KEIKOはね。

Ⓚそう？

番組スタッフ：今日は始まった当初からスタッフが多くなってる、って。

Ⓜだって今日はサテライトスタジオなんだけれど、外にファンの人たちがいっぱいいるんだけど、いつもより多いですね。

Ⓚわぁ！

番組スタッフ：「念じれば花開くんだな〜」ってコメントも。

Ⓚあ、なるほどな〜。

働今、LINE LIVEも生配信していて、メッセージもたくさんのリアクションがあるのかな、なんて思うんですけども。

Ⓚ多いんだ、ここの声は聴こえてるんですか？

働スピーカーがあって皆さんに届いてるかと思いますね。

Ⓚそうかそうか。それで聴いてるんですね。

番組スタッフ：「KEIKOちゃん、待ってました。うれしすぎて泣ける。大好き」ってLINE LIVEのコメントが。

Ⓚわぁ！

Ⓚそうですね。普段通りですね。

Ⓜ『GLOBISM』から『JOY TO THE OITA』『GLOBISM』か。それでね、1回止まっちゃったの。

Ⓚもしかして……一緒に歌える日が来るかもしれないね。

Ⓜうわぁ。ねぇ、楽しみで。

Ⓚそうですか〜。ありがとうございます。

番組スタッフ：うれしいですね〜。

働『GLOBISM』……もう当初3年前にまだ『GLOBISM』……。

Ⓚすごいなぁ。いや本当に、

Ⓜそれがもう、上層部やスポンサーの方たちのおかげでまたスタートしたわけ。

Ⓚはい、はい。

Ⓜそれで一言、「生放送でもやれたらな」って。そしたら生放送でも例えば普通に過ごしていて、ヨガやったりとか、ちょっとお買い物したりなんて話がありました。最近はどうでしょうか？

働電話出演の際にKEIKOさんがおっしゃってたのが、例えば普段は本当に普通にしずちゃんとも行きましたよね。

Ⓚしずちゃんとも行きましたよね。

働そうなんですよ。実は、私もお邪魔させていただきました。

Ⓜちょっと！なんで僕、呼ばないの、それ。

Ⓚえぇ〜。

Ⓚ奇跡が、どんどん、どんどん電話してきてよ！KEIKOが電話してきてよ！

Ⓚそうですね（笑）。

Ⓚどん。これ、もう、超うれしくてさ。

Ⓚ最近ですか？最近もう、そっちゴルフ。ちょっと、そっち

働私の初めてのラウンドデビュー

が楽しいかなっていう感じがしてます。今はね。

働それこそSNSにあげられてましたよね。

Ⓚはい。

Ⓜゴルフ、一緒に行って。もうね、面白かったね。

Ⓜあげちゃったね。そしたらあれもちょっと騒ぎになりましたね。

働ゴルフ、一緒に行って。

Ⓚはい。

働そうなんです。私ずっと気になってたんですよ。やっぱりふぐはよく召し上がるんですか？

Ⓚそうですね。例えば姪っ子の誕生日とかだったら「山田にしようか」ってお願いをしたり。

働これ、私ずっと気になってたんですよ。やっぱりこの番組のリスナーの皆さんは、もうご存じ、KEIKOさんといえば「山田屋」。

ーのときにごいっしょさせていただいて。

ⓂだからKEIKO今、ゴルフにはまってるんだ。

Ⓚはまってますね〜。

Ⓜじゃあ、運動、運動ですね〜。

Ⓚはい。

働運動したりとか、だからゴルフですね、うん。

Ⓚそれこそ、例えば暮らしてたらお腹すいたりとかして、ご飯食べることもあるかなと思うんですけど……。

Ⓚ運動したりとかも結構されるんですか？

Ⓚ暮らしてたら（笑）。

Ⓜそりゃお腹すいたらご飯食べるけど。

働当たり前のこと言いました（笑）。

Ⓚ私の誕生日とか。でも最近はあんまり食べてないから。ふぐ屋だからって、毎日ふぐ食べないでしょ。

働そうですよ〜。

働ごはん作られたりもするんで

Discover globe

切なさライセンス

Special talk

全国の映画館で、シネマビューイングやるんだけど、見に行く？んからしても、横にKEIKOさんがいる状況での生放送。

記念したものですよね。貴重な未発表コンテンツも含む全曲リマスタリングで、この中には新曲もあるそうですね。

Ⓚ見たい〜。

Ⓜ俺もどっかで、ちょっとシークレットで見に行こうかなって。

Ⓜなんかいいですよ。すごい気分がふわっとして……いいね！

Ⓚ（笑）

Ⓜその中にも入っていますし、いつもとちょっと、なんか違うね！すごい気持ちがいいです！

Ⓚそうだったんですね。

Ⓜそれがちょっと目標だったんだよね。

Ⓜそうだったんですね。

賎KEIKOさんにいつかKEIKOさんに出てもらいたいと。

賎2019年の10月、前の番組『GLOBISM』が始まった当初やっぱりglobeといえばデビュー曲、ということで今日この時間に1曲お届けしようと思います。マークさんから曲のふりをお願いしてもいいでしょうか？

Ⓜはい。いってみましょうか。
僕たちのデビュー曲で、『Feel Like dance』！

（曲が流れる）

賎KEIKOさんご出演いただいて、15分くらいが経ちましたが、いかがですか？

Ⓚ早いですね！もうそんな経っちゃったんですか？

賎そうなんですよ〜。マークさ

賎せっかく大分で始まったわけだから、こんなに近くにいるんだから……。

Ⓚはい。来ましたよ！

Ⓜ来た……！3年経って。素晴らしい。

賎いや〜本当にうれしいことだなと思います。リアクションもかなり来ているようですね。

Ⓚうれしいな〜。

Ⓚはい！こんばんは〜。

番組スタッフ：ええと「スタジオ内楽しそう〜」。あと「KEIKOちゃん、手を振って〜！」あそこにカメラがあります。

てのがあります。

Ⓜでも昔ね、ナスと挽肉のカレーを作ってもらったことがあって、めちゃめちゃうまかった！

Ⓚあぁ、ね！

Ⓜどっかの、何かキャンプ場みたいなところでね。作ってくれたの。

Ⓚ確かそうだった。よく覚えてる！

Ⓜおふくろの味と一緒で、KEIKOの味は忘れられないですよ。

賎へぇ〜！

Ⓚ本当ですか〜？

賎スパイス感あふれる感じでした？それとも家庭の味みたいな感じでした？

Ⓜなんかね、優しい味だった。

Ⓚうん、うん。スパイス感あふれない。優しい感じ。

Ⓚあふれない。優しい感じ。

Ⓜあふれない。

Ⓚはい。

賎ところから、その話が始まったんですよ。「クリスマスプレゼントとしてすごくいいんじゃないかな」って。その日のために未発表曲、その名も『WHITEOUT』っていう曲があるんですけど。1回だけInstagramに25秒かそのぐらい流れたんだけど、それを再度、歌って。

Ⓚはい。歌いました。

Ⓜ僕はラップを入れて、ハモって。1個、globeの曲が完成した。新曲ですね。

Ⓚそうです。新曲です。

Ⓜ歌ったんだけど、いいんだよね！これまた、ちょっと鳥肌立つんだよね。

Ⓚうん、うん。スパイス感

Ⓜ「クリスマスの日が1万日目なんですよ」っていうところから、その話が始ったんですよ。

Ⓚね、すごいよね！本当に。

Ⓜ入ってるんですよ〜。まず1万日目に気づいたスタッフがすごい。

すか？

Ⓚしますよ〜。あんまり得意じゃないですけど。

Ⓜめちゃくちゃ（笑）。

Ⓚいいねぇ〜。

Ⓜやっぱねぇ〜。ゲストが来たときには得意料理聞くっ

Ⓜなんか普通のラジオ放送みたいな感じで。

Ⓚ得意料理とか聞いてもいいですか？

Ⓚ得意料理……特にないです（笑）。

賎得意料理って聞いてもいいですか？

Ⓜで、さらにお2人に関連していることで言うと、今年のクリスマスイブ。12月24日に『10000 DAYS』が発売されるのです。

Ⓚですって！

Ⓜはい！

賎これ永久保存版の豪華BOXで、デビュー1万日を

Ⓜマジで。今日、流す？

Ⓚ立つよ〜。

Ⓚマジで。今日、流す？

賎いや、その素材の準備はまだないと思うんですよ（笑）。

Ⓜまだだよね（笑）。日本全

番組スタッフ：「KEIKOちゃんを拝めているのが信じられない」というメッセージも（笑）。

Ⓚ拝まれてます（笑）。

番組スタッフ：「僕も予約しま

た』『新曲楽しみ〜』、これ
は『10000 DAYS』
についてですね。

㊙本当に楽しみにしていた
だいて間違いないと思いま
す。本当にすばらしい曲だと
思います。詞もいいし、KEIKOの
歌もいいし。

Ⓚいやいや〜……めっちゃ
いいんですよ（笑）。

Ⓜ変わってないでしょ〜？

一同：（笑）。

（笑）

㊙最初にお伝えしたサプラ
イズ発表、1つ目は先ほど
のKEIKOさんのサプラ
イズ出演でした！2つ目
の発表……KEIKOさん
からお願いします！

Ⓚえっ、2つ目の発表、な
になに？ なんて（笑）。

㊙それが結構伝説の面白い
番組だったんですけど。さ
まざまな形でお2人にさ
せていただいて……KEIKO
さん、レギュラー
ー出演してくださいます！

Ⓚレギュラー出演！

Ⓚレギュラー出演！

Ⓜレギュラーで出演してく
れるんですか!?

㊙マークさんが『ラジオ番組っ
ぽい』なんて話してましたよ
ね？

Ⓚびっくりした（笑）。本当
に知らなかったのかと（笑）。

Ⓜお願いします！

Ⓚわたくしが出演する、っ
てことですよね。なんと、
ラジオのレギュラーですよ
ね。

㊙来年2023年、おもし
ろいことをやりましょう！

㊙それこそささっと、得意料
理の話をしてるときに、マ
ークさんも、KEIKOさんも、
なにか意気込みなどがあり
ましたら。皆さんにお伝え
できる範囲でいかがでしょ
う？

Ⓚ意気込みっていうとね。
なんか『頑張ります！！』
みたいなことなんですけど
とか。

Ⓜそれ、『ドラゴー』じゃなかっ
た？ グログロビーって言って
なかったっけ？

Ⓚ本当にそんな感じで
すよ。『やりまーす！』み
たい

㊙次、3つ目のサプライズ発
表は、2023年1月2日
放送分から放送時間が10分
増えます。40分
になります！

一同：（拍手）

Ⓜすごい、どんどん長くなっ
てくね〜。いつかテレビ番組にな
っちゃうんじゃないの〜？

㊙LINE LIVEもリアクシ
ョンがたくさん来ています
ね。

番組スタッフ：あとね『グログロ
ビー』っていう挨拶、懐かしいです
とか。

Ⓚ元気？

㊙のこり1分少々です！

Ⓚ1分少々!? 短いですね〜
に。

Ⓜ2人でラジオをやる、っ
ていう。

Ⓚ頑張ります！ ラジオ、やり
ます！

㊙まずマークさん、いかがでし

ようか？

Ⓜいやぁ、ねぇ、なんていうのか、
この生放送が始まったときのド
タバタ感が今日また来ましたね。

㊙そうですね。

Ⓜ先週まで生放送が静かだった
んだけど、今日ドタバタで
す（笑）。いい感じです。これが
生放送だなと。

Ⓚ夢をあきらめない！ これ
からも、絶対にもっとでっかい
夢を見て、追いかけ続けよう
かなと思います。

㊙KEIKOさんからも一言お
願いします。

Ⓚ私からですか？ 同じですけ
どね、私も今日来て、本当によ
かったと思ってます。なんかね
みんなにとにかく届けられたら、
ってばっかり言ってるんですけど、
まずこれが一歩かなと思ってま
すし、**まだまだこれ
から頑張りまー
す！**

一同：（拍手）

Ⓜあぁ、いいですね〜！

Ⓚ一緒に頑張りましょ？

Ⓜちゃおもろいわ〜。一緒
に。

Ⓚお願いします（笑）。めっ

㊙そうなの？ あぁ、よか
った〜！

Ⓜすげぇ！……俺は!?

Ⓚイエーイ

Ⓜ『ドラゴー』以来！

㊙それが結構伝説の

㊙そうですね。また皆さんにさ
まざまな形でお2人の魅力をお
届けできればなと、なんて思って
います。2つ目のサプライズ発
表は『JOY TO THE OITA』、
来年1月よりKEIKOさんレ
ギュラー出演決定！

Ⓚいや、そうだったんですね〜。
なって。

㊙KEIKOさんに来てくれてうれしい

Ⓚありがとうございます。

Masterpiece
傑 作 選

KEIKOが語る、ソロインタビュー。話題は今後の抱負、プライベートまで。

レギュラー出演直前のタイミングで賤川アナウンサーがKEIKOに単独インタビュー。スタジオ初出演（2022年11月28日）の感想、ゴルフに夢中の日々などここでしか聞けないエピソードを語った。

K どうも、こんにちはg-obeのKEIKOです！
賤 11月末の収録は、どうでした？
K ガッチガチに緊張してましたけど（笑）。
賤 大人のスーツ着た男性が多すぎですし。外は外で、またファンの方もいらっしゃって。
K そうなんです。なんかバッタバタな感じと、はじめましての人もたくさんいるなかで。
賤 ですよね〜。いや、KEIKOさんもやっぱり緊張することってあるんですね。
K めっちゃくちゃありますよ。
賤 それこそ90年代ゼロ年代の映像を見ると、堂々とされてる感じで。
K えぇ、よく言われるんですけど、緊張しますよ。当たり前ですよ。
賤 そうなんですね。見えにくいタイプですね。
K 隠すの、うまいのかな（笑）。
賤 ライブ前とかも、めちゃくちゃ緊張。
賤 本当に。めちゃめちゃ元気です！
賤 だから、そう思ってない人がたくさんいるんだなと思って。まだまだ。
賤 だから、KEIKOさんがお元気な姿で、こういうふうに電波に乗っけてご自身で話をされる。これに喜んでる方がものすごく多かったなと私は思いました。
K ねぇ、ありがたいです。
賤 だって90年代ゼロ年代にいろんな変化がありました。やっぱりこれに出て、いろんなニュースで取り上げてもらって、いたるところで「本当に元気だったんだね」って。
K あぁ。
賤 パクリますけど（笑）。本当にいろんな変化がありました。

賤 振り返ると2022年7月に電話でサプライズ出演。
K しました。
賤 そして、11月頭にまたサプライズ電話出演、2回目。で、11月末に出てもらって、いろいろその部分がメディアで使われました。
K もう、びっくりするぐらいレギュラー出演決定の報告をしました。
賤 「歌いましょうか？」ばっかりね（笑）。で、お前、歌わんのかい！って（笑）。
賤 はい。この間、歌いましょうか？って言ったから。
K 使われてたけど（笑）。
賤 まだ早い、まだ早い（笑）。
K （笑）。
賤 いろんな変化があった年だったと思いますが。
K ありましたね〜！
賤 去年2022年、どんな年でしたか？
K（笑）。
K いや、あれは緊張しますよね。
K しますよね！ なんか見られてて。
K はい。

賤 前のラジオの生放送のときにKEIKOさんからぶっちゃけてもらいましたけど、私のゴルフデビューはKEIKOさんとともに。
K ねぇ！ やりましたね。
賤 そんな中で2023年からラジオに出てもらうようになって、今までとは違う

賤 どうでしょうか？
K そうですね。違うようになるような1年の過ごし方になるんでしょうね。でも、今やっ

> **ぱりゴルフが楽しくて（笑）。**

賤 そっかい！って聞いといて、答えるの早っ！（笑）
賤 やっぱりそうですね。
K ドライバーなんです（笑）。
賤 ドライバー。
賤 得意なのは、ドライバーとかアプローチとかパターとかいろいろありますが。
K なんだと思いますか？ ドライバーなんです。
賤 そうなんですね。飛ばすのが好きなんですね。
K よく言われるんです。ドライバーがうまいって。真ん中に行くんですよ。飛ばないんですけど。右行ったり左行ったりとか。
賤 最近の過ごし方で言ったら、ゴルフが多くて、あとはテレビ見たりとか？
K しますね。
賤 あとは『鬼滅の刃』のケーキもSNSにアップされてました。

賤 そのときに実はKEIKOさんのお姉さんとともに行って、私は姉妹の仲の良さを身をもって体感しましたね。
K いやいやいやいや、恥ずかしい。じゃあ、ゴルフやるときも大体お姉さんと一緒に回ったりすることが？
賤 多いですね。まだまだそうですね。
K 楽しいんですよ〜。
賤 そうなんですね。あの長いコースの方が好きなんですね。
K だってマークさんが基本的に月に1回、来県されたときは大体いっしょに行かれてますよね？
賤 行ってますよね！ 楽しいですよ〜。

よね。
Ⓚあげてた!
慳だから、アニメとかも結構見るのかな思ったんですよね。
Ⓚそれは姪っ子の影響ですね。「一緒に行こうよ」って言われて「行こっか」っていう。私が自ら言ってるわけではないんですけど、ていうこともあるんですね。
Ⓚそうですね。ありますね。ゲームセンターとか彼女は好きなので、よく「行こうよ!」って言われて。

ゲーセンにKEIKOさんいるんですか!?

Ⓚいますよ(笑)。たまに。
慳音楽ゲームとかやったりするんですか? 何するんですか?
ⓀUFOキャッチャーが彼女が好きで。それをやりますね。いくらまでよ!って私は言いながら。もう終わらないですから。
慳ちゃんと保護者(笑)!
Ⓚそうです、そうです!私の子供みたいな感じで言ってますね。
慳だって姪っ子みたいな話って言います。どこにいても、近いところにお姉さんも暮らしてるっていうふうに聞いてるので、会うことも多いわけですよね。
Ⓚはい。そうですね。
慳なんかそんな話も、1月からのレギュラーではいろいろお話をお届けしたいんですけど、せっかくだからKEIKOさんのコーナーも何かやりたいなって思ってるんですよ。
Ⓚですね。
慳私たちOBS側でイメージしてるのは、例えばKEIKOさんに悩みを解決してもらったりとか。
Ⓚうん。
慳マークさんが恋愛って言ったんだけど、globe世代が恋愛って大丈夫かなって言ってたんで(笑)。
Ⓚ確かに! もう結婚して、ね。あ、でもねサッカーも好きだったんですよ。すごい。今も好きですけど、
慳日韓ワールドカップぐらい?
Ⓚその頃からめちゃくちゃハマってまして。チャンピオンズリーグでイタリアが好きで。
慳セリエAとか。
Ⓚはい。ユヴェントスFCが好きだったんです。
慳えっ、なんでですか?
Ⓚそれは、デル・ピエロから入ったからです。
慳それもいいですね。ゼロ年代の選手だったんですね。
慳デル・ピエロが好きだったんですね!
Ⓚそうなんです。もう、すっごい好きなんです(笑)。
慳そうなんや!
Ⓚめちゃめちゃ好きなんです。一度ね、デル・ピエロがこのあたりに血を出してたんですよ。
Ⓚまぶたの下あたりに。
慳そう、それで本当にピエロじゃん!って、そこから、もう恋に落ちました。
慳へぇ~。では、そういうサッカーとかスポーツの話をしてもらうの?
Ⓚいいですよ。はい。私なりに、ですけど。
慳どんなジャンルでもいいですか?
Ⓚいろんな悩みが。
慳だからそういう仕事の悩みが多いのかなって、私は勝手にイメージしてて。
Ⓚでもみんな、そんなに悩みありますか?
慳よくマークさんにも送ってくれてましたけど、globe世代の方、ものすごく文章を書いてくれるんですよ。
慳他の番組だと2~3行とかなんですけど、『JOY TO THE OITA』だけめちゃくちゃ長くて15行とか。
Ⓚ私でよければ、お答えしますよ。
慳私が相談したい(笑)。私のお悩みも……
Ⓚそのお悩み気になるな~(笑)。
Ⓚもう本当、たいしたこと……
慳もちろんそういう気になる~。もちろんそういうふうに、KEIKOさんなりの視点でお話しいただければ、と思いますので。
Ⓚそうですね。
慳globe世代の方、40~50代ぐらい?
Ⓚそうですね?
慳下は30代後半くらいでしょうね。
Ⓚそうですよね。
慳中間管理職の人がすごく多い気がします。
Ⓚそういう気がする~。
慳ということで本当は来週から本格的に出てもらいますが、ここまでKEIKOさんにちょっとだけ顔出してもらいました。
Ⓚはい。
慳では最後に、今週のひとことというか、このコーナーで、KEIKOさん、ズバリ歌いやすいglobeの曲は何でしょう?
Ⓚ……ないです!
慳ないんだ……!
Ⓚ難しいです、どれも。私も知りたいわぁ(笑)。
慳(笑)。
Ⓚお前がわからんかったらね……。
慳誰もわからない!
慳はい。ぜひ! 1月9日からまた生放送があって、1月ずっとレギュラー出演してもらいますので、いろんな展開を楽しみに待っていただければと思います。
Ⓚよろしくお願いします~。
慳よろしくお願いします~。
Ⓚ(拍手)

Discover globe

切なさライセンス

Special talk

誰もが待ちわびた この日が来た。KEIKOレギュラー出演、初日の放送。

2022年夏の突然の電話から、約半年。
KEIKOのレギュラー出演初日がやって来た。
この日から、番組名も『JOY TO THE OITA+』に
リニューアル。番組の新たな章が始動した。
とはいえ、KEIKOもマークも緊張を感じさせない
リラックスしたトークを繰り広げる。

もう、KEIKOがいますよ、隣に!!

賎 時刻は7時30分を回りました。皆さんこんばんは!『JOY TO THE OITA+』の時間です。ここからのお相手は……

Ⓚ いますよ〜、いますよ〜!

Ⓚ globeのKEIKOと!

Ⓜ マーク・パンサーと!

Ⓚ globeのKEIKO、お願いします!

Ⓜ お願いします!

Ⓚ お願いしま〜す!!!

一同:（拍手）

賎 ゲスト出演、一発目!

Ⓚ 一発目ですよ! よろしくお願いします!

賎 OBSの賤川寛人でお届けします。皆さんよろしくお願いします!

賎 どうですか、緊張感はありました?

Ⓚ いや、ありますよ! でも、この間よりは、ちょっと大丈夫。

賎 11月末（2022年11月28日放送）のときに比べればってことですね。OBSの第1スタジオから生放送

Ⓜ 僕? 僕はねぇ、ちょっと緊張してるんですよ。

賎 皆さんの中で、このことをちょっと頑張りたい、続けたいとか、何か大きな目標でも小さな目標でも、少し考えてみて、送ってもらえればなと思いますね。

賎 何かあります? 続けてること。

Ⓚ 私はゴルフ続けたいです

賎 ちなみにKEIKOさんは、続けたいことは?

賎 今日は2個入った。まあまあ湯あたりする（笑）。まあ1日にいくつも入ると湯当たりする感じがあるらしいんですよ。

Ⓜ こりゃ、続くな。なんか目が光ってる。もうキラキラしてるもん。

Ⓚ KEIKOさん、これ、目がキラキラしてる。

Ⓜ 今日は2個入った。

Ⓜ 続けたいですね。続けましょう!

賎 1月のテーマは「続けたいもの」っていうことで、皆さんからメッセージを募集します。

Ⓚ もう、この番組続けたいです!

賎 今日、この放送を楽しみにしていた方、たくさんいるんでしょうね! スタジオにもいろんなものが届いてました。ありが

Ⓜ 楽しいですもん。

Ⓚ わ〜、本当だ! ありがとうございます。

Ⓜ ありがとう

Ⓜ 届いてますね〜。お花もケーキも、タイガースのぬいぐるみも届いてました。

賎 電報ですね! メッセージ、も届いてました。

賎「WHITEOUT」、新曲も涙が出るほど最高でした。今までも、これからも、僕たちの歌姫はKEIKOちゃんだと改めて思いました!

Ⓚ あぁ、うれしい! ありがとうございます〜!

賎 別府八湯温泉道名人会で

Ⓚ でお届けしているんですが すね。

Ⓜ わぁ、すごい!

Ⓜ 大変! もう緊張しちゃうよ、本当に。すごい、いっぱいいるよ!

Ⓜ だけど、2ページ目なんですよ。

Ⓜ まだ2ページ目なんですよ。

Ⓚ だけど、2ページ目でも10何個ぐらい持ってますよね。

Ⓜ あと8倍頑張らないといけないわけですね。

Ⓚ どう頑張るの?

Ⓜ 行って入らないといけないの。

Ⓜ いっぱいいますねぇ。

Ⓜ すごい、うれしいですねぇ。

Ⓚ そうですねぇ。

Ⓚ ねぇ。

賎「あんまりラジオの観覧に行くことはできないが、いつも応援していますし、KEIKOちゃんの歌声に元気をもらっています」

Ⓚ ありがとうございます。

賎「趣味のゴルフもロストボールに気をつけて良いスコア出しちゃってください」

Ⓚ はい（笑）。ありがとうございます。

賎 globe@4_domes「10000 DAYSリマスターメモリアル ビューイング」が映画館でありましたね。

Ⓚ 行きました?

賎 行きました。

賎 行きました?

Ⓚ なに、それ（笑）。行きました。

Ⓜ 僕も行ったんです。ちょっと隠れて。

賎 ツイッターにあげてましたね。

Ⓜ みんなも行ったんですね。ないところに。スタッフもびっくりしちゃったよ。そこ!? みたいな。

Ⓜ KEIKO、ゴルフうまくてびっくりしたんですよ。

Ⓜ ちゃんと前に進んでるんですよ。みんな右に左に行ってるのに、KEIKOはまっすぐ行く。

Ⓚ いやいや、本当?

Ⓜ まっすぐ行く。

Ⓚ そう、まっすぐ行く!

賎 奥様と行かれてましたよね?

Ⓜ そうそうそう、そうだ。

賎 そしたら、最近、チケットの買い方が難しいっすね!

Ⓚ 難しいよね。わからない。

Ⓜ 買い方が全然わからなくて、出だしをミスりました。最初見れなかった（笑）。

Ⓚ そうなんだ! 出だし見てよ〜。

Ⓜ 僕は、温泉にハマってるんだよ。名人になれるらしいんですよ。88カ所の温泉に入るとスタンプ押してもらうと、名人に。

Ⓚ はい。今日も行きました。

Ⓚ 今日も行きましたか?

Ⓚ はい。今日も行きました。

Ⓚ うございます〜!

㋮KEIKOさん、大分の会場でご覧になってましたよね。
Ｋはい！　行きましたよ～。あっ、そうだ、しずちゃんも行ったんだ。
㋮そうです。私、最後列の方で見てました。
Ｋどこら辺座ってたの？
㋮一番前？　一番目立つじゃない。
Ｋ一番前！
㋮私の中ですごく感動したのが、globeファンの方がたくさんいて、上映に合わせて例えば自作のうちわを持っていて。
Ｋそうかそうか。
㋮途中から入っちゃったから、ちょっと目立っちゃって（笑）。
Ｋ余計に。
哲確かに！　大分会場は拍手とかありますよね
Ｋありましたね！　うれしかったあ。
㋮それを振りながら、っていうのもありました。
哲で、終わった後にKEIKOさんがチラリと後ろ側から見ていたんです。最初はその予定だったんですけど、あまりにも……もうみんなわかってるな、って（笑）。なんか始まる前に説明とかしたいぐらい、もう盛り上がってほしいなって（笑）。
㋮そういう人いました？
哲僕が行ったところは恥ずかしがった感じで、拍手も小さくパチパチパチパチぐらいだったな。ぜひスタンディングオベーションするぐらい盛り上がってほしいなって。ぜひ、もう1回どっかでやりたいなって。
㋮だからglobeファンの方々が「KEIKOちゃ～ん！」みたいなことを言いながら、KEIKOさんが映画館を後にされた、っていう。そんな大分の映画館のシーンもあったんです。
Ｋへぇ～、素敵。
哲素敵。
㋮でもいい映画でしたね。
Ｋそこスクリーンだけど「KEIKOちゃ～ん！」って言ってもいいんだよって。
㋮いいよ～って。
Ｋ1人言えば、みんな言うんじゃないかな。
㋮普通の映画じゃないから盛りとかしたいぐらいですよね。
Ｋいいよ～って。

哲一番に、なにから開けました？
Ｋいろいろ決断だったり、話し合ったりが増えても仲良く過ごすことを続けたい」これが続けたいことだそうですよ。
㋮今まで見たことのないやつ、台北の。あれを聴きました。
哲番組スタッフ：Blu-rayの今までに見たことのないやつ、台北の。あれを聴きました。
㋮『10000 DAYS』発売当日の12月24日、プロポーズを受け、婚約しました」。おめでとうございます！
哲おめでとう～!!　なんかいいねぇ。ハッピーな話いいね。
㋮『10000 DAYS』には新曲が入っておりました。
Ｋはい。
㋮『10000 DAYS』
㋮どうでした？
番組スタッフ：うれしかったです。
Ｋうれしかったですね。
㋮いい曲なんだよね～。もう……いい曲なのよ～。何回も聞いちゃうのよ～。本当に、あのテンポってglobeで少なくない？
Ｋそうなんですよ。強弱もあるし、高音ですもんね。
哲今週の一言。KEIKOさん、難しいglobeの曲は何でしょうか？
Ｋ全部。
哲全部です。
㋮『DEPARTURES』歌ってくださいって言われたら、困る～！（笑）
哲すんごい難しいですよ。
㋮すんごい難しいですよ。
㋮いい曲なんだよね～。
哲やっぱり難しそうですね。
Ｋそうなんですね。
Ｋうん、少ない、少ないですね。
㋮あのテンポのglobeの曲って僕、好きなの。『is this love』も好きだしね。
Ｋそうだね。
㋮この間、京都の駅降りたら、『10000 DAYS』をぱっと出されて、サインしましたよ。持ち歩いてる人いるんですね。
Ｋ重いのに、いつも持ってくれてるんだ。大変！

*

戦あと『10000 DAYS』も発売になって、盛りだくさんですよね！
㋮へぇ～！　すごいね！
戦『10000 DAYS』に合わせたメッセージもいただいてるんです。『1

番組スタッフ：車に積んで、通勤の途中とかで聴いてますけど、毎日が幸せです。
戦『そんな私たちはマークさんご夫妻と一緒に喧嘩をしたことがないので、今年は……」

戦メモリアルビューイングでは『globe MUSIC DELIVERY』もありましたよね！
番組スタッフ：『globe@4_

*

Discover globe

切なさライセンス

Special talk

「domes」のときのコンサートで、会場の中のおひとりの方にその場で焼いたCDをプレゼントするという素晴らしい演出ですね。

K　そうそう！

マ　ピザ屋のスタッフの格好をしてビデオ撮ったもんね。

K　撮ったね。LAで。

マ　なんか宅配ピザのコマーシャル風の。

K　そうそうそう。

マ　あれを本当にコンサートで、自転車で出ていって誰かに渡したのよ。この世に誰かが1人もらってるわけよ。

K　ね。　でも今まで聞いたことないね、持ってますって。

賤　ヤフオクでも出てないし

マ　ヤフオクとかメルカリとか（笑）。

K　（笑）。

マ　聞きたい！

K　聞きたい！

賤　映像で見たとき、みんな奪い合うようにして手を伸ばしてもらってたじゃないですか。

マ　もし、それをもらったっていう人がいたら！　私も

＊

賤　メッセージです。「私は去年、会社で管理職の試験に合格しました。今年から新しい部署、人間関係、仕事。嫌な記憶はずっと残すよりも、どんどん捨てていった方がいいですよね。

K　うん。そうですよね。

賤　楽しい記憶だけ残していくみたいな。

マ　そう。今日、一番良かったことをね。今日一番良かったことを、こう……（笑）。

一同：（笑）。

＊

K　酒井今日一（笑）。

賤　自分のアカウントの宣伝に繋げるんですね（笑）。

K　ちょっとこれ、使わないでいただけます〜？（笑）

賤　勝ち気で。

K　そうですね。

賤　ポジティブに戦ってもらえればと思います。

K　ええ。

賤　今日はマークさんにとって、いつもとはまた違う形での生放送ですね。

K　ね！　やっぱ4人でやると早い、早い！

マ　早いよね！

K　ね！

マ　もう時間が過ぎるのが、楽しい、楽しい。本当に夢が叶って4人でこうやってできて。さっきなんてさ、曲が流れたときみんな気づいてないと思うけど、ここで歌ってたんだよ！　生歌だったんだから！

K　歌ってたよ〜（笑）。

賤　マジで！　聞いてなかった！

賤　メッセージです。「私は去年、会社で管理職の試験に合格しました。今年から新しい部署、人間関係、仕事。嫌な記憶はずっと残すよりも、どんどん捨てていった方がいいですよね。

K　そうですね、ありましたね。

賤　きっとね、あんまり覚えてない（笑）。でも、あんまり覚えてない（笑）。あんまり。

K　かあるんですか？

K　そうですね、ありましたね。

賤　いや、逃げたいときも、逃げるときもありますよ（笑）。

賤　だからこの方にも、美容師の仕事を15年やってますけど、嫌だなって思ったときには……

K　負けるもんか。いろんなこと
に負けるもんか。

K　どうでしょうねぇ……。

賤　好きなだけではやっていけないときもあるかと思うんですけど、

マ　全然、僕、逃げちゃうよ（笑）。

＊

マ　ちょっと覚えてない（笑）。ね？

K　観ましたよね？　この間のメモリアルビューイング。

マ　うーん、観た、観た……。

K　顔が（笑）。どうだっけ？みたいな顔して（笑）。

マ　ちょっと目をつむってたかもなぁ（笑）。まばたきしてたかもね。

賤　けっこう長い時間、目をつむってましたね（笑）。

賤　ネガティブなときはね。

K　もう忘れちゃって、ゼロからでもいいからポジティブにいった方が、さっきのネガティブのときよりも、もっといいところに行くような気はするけどね。

賤　エンディングです。メッセージを紹介します。「今、美容師をしている。かれこれ15年ちょっと仕事をやってるんだけど、同じことの繰り返しで、毎日毎日同じことの繰り返し、嫌になっちゃう部分があるんです」って。「KEIKOちゃんに相談。大好きなことを変わらずずっと続けてこれたのはどういうことが活力なのか？」

マ　負けるもんか！

K　負けるもんか！

マ　負けるもんか！

K　あぁ、負けないよ！　うーん、負けない！　頑張るよ！　って。

賤　こんなことで折れないぞ。

マ　かっこいい。

賤　しんどいときって、みんなあるもんね。

K　あります、あります。誰しもありますよね。

賤　肉体的にも精神的にも、なんか追い詰められてとか。

K　だから「負けるもんか」も自

『I'm still alone』は実は1stアルバムの「ある曲」の世界を踏襲していた。

楽曲のエピソードを語るコーナーとして
新たに始まった「discover globe」。
記念すべき第1回目に選ばれたのは
1998年3月31日発売の3rdアルバム
『Love again』に収録された『I'm still alone』。
2人は、ライブでのエピソードとともに振り返る。

番 今日お届けする曲は、こちらの曲です。『I'm still alone』。1998年3月31日発売の『Love again』に収録された楽曲です。まず、この曲についていかがですか?

Ⓚ これは……いいバラードですよね。

Ⓜ 切ないね。

Ⓚ これ、ラップがないんですよね。

Ⓜ 多分ね、1枚目のアルバム『globe』の中に『Precious Memories』っていうのがあって。

Ⓚ あぁ、そうそうそう!

Ⓜ その『Precious Memories』を2ndアルバムバージョンにして作ろうっていうことになって作ったんだよね。

Ⓚ ない。

Ⓜ コンサートでいうと、僕が休める曲です(笑)

Ⓚ 『Precious Memories』にもこの曲にもラップがない。

Ⓜ これ、マークが作詞だよね?

Ⓚ 書いたんだよね、多分。悲しかったんだ〜、多分。

Ⓜ テーマで言うと「9割方終わってる恋」。1人でいる時間が長く、なかなかLove againの世界にならない状況を描いている、なんていうふうにも言われていて。

Ⓚ そうですよね。『I'm still alone』ですからね。

番組スタッフ：私が見に行ったライブでは、この一番最後の歌詞、「さっきまで〜」のあたりからKEIKOさんはもう泣き始めるんですよ。で、「そんな嘘……〈泣〉「KEIKO〜!!」って。

Ⓚ !(笑)

Ⓚ わかる! あるある!

マーク休憩の曲(笑)。

番組スタッフ：マークさんが2日間寝ないで歌詞を作って、KEIKOさんが3日間ボーカル録りに時間をかけたっていう情報も入ってます。

Ⓚ はい。かかったんだろうね、多分それぐらい。

Ⓜ 2日もかかったんだ、僕。

Ⓚ 私、3日もかかったんだ。

番 (笑)。

Ⓜ やっぱ、みんなのほうが僕より知ってんな。

Ⓚ っていう感じですよね。

Ⓜ へぇ〜。

Ⓜ 逆に言うと、KEIKOさんはフル稼働な曲ですよね。

Ⓚ そうです、そうです。

Ⓜ この歌詞の「公園三人でゆるいカーブ」ってところ大好きで!

Ⓚ 高いね〜。

Ⓜ 「公園三人でゆるいカーブをつないで」みたいな。

Ⓚ これ、キーがたっかいの!

Ⓜ 高いね〜。

Ⓚ 高いとキツいんですけど、歌ってて、高くてこのくらいのスローだと、気持ちがどんどん入っていくんですよ。

Ⓜ ね。つくづくそう思いました。

Ⓚ そうそうそう、この詞がいいね……!

Ⓜ 「寂しすぎて人前なのに大声で泣き出しそう」から始まるなんてさ、いい歌だなぁ。

Ⓚ いい詞だな、って?(笑)

Ⓜ いい詞だなぁ〜。

一同：(笑)。

Ⓚ (笑)。これ、グローバー

番 マークさんはライブのとき、それをどういうふうに見てたんですか?

Ⓜ マークはこの曲のとき休んでるからね〜。

番組スタッフ：行ったライブ、全府県をまわるときに、ライブハウスでこの曲のリハーサルの映像があって、聴きながら昔に浸ってましたね。

Ⓜ そうですね! ずっと私、最後まで泣く泣くの我慢してるんです。泣くと高音とか絶対に歌えないんで。ライブで泣いて歌えないというのがすごい嫌で。せっかく来てくださってるのにっていうのがすごいあって。でも最後は、もう無理!っていう(笑)。でもなんかすごい切なくって。どんどんどん、うぅ〜ってなっちゃうんですね。緊張が自分のなかでゆるくなるんでしょうね。最後まで歌って、った!もう、いいわ、みたいな。歌い切った!

番組スタッフ：最後の最後にその感情がこぼれちゃうんですね。

Ⓚ こぼれます。

Ⓜ ありがとうございます(笑)。

Ⓚ KEIKO〜!

番組スタッフ：がんばれー!

番組スタッフ：KEIKO〜!!

Ⓜ 僕1回、グロジェネ(『globe×be-GENERATION〜』)で47都道府県をまわるときに、ライブハウスでこの曲のリハーサルの映像があって、聴きながら昔に浸ってましたね。

Ⓚ あったね。よくリハのときに聞いてくれてたね。

Ⓜ いや〜、いい曲ですよ。

番 それこそ、感情を抑えながら歌ってる部分があるわけですね。

Ⓚ 歌ってる部分があるわけですね。

Ⓜ これ、三拍子なんだね。だから、なんかすごい切なくって。どんどんどん、うぅ〜ってなっちゃうんですね。

Ⓚ 自分で(笑)。

Ⓜ 「さっきまで一緒だった そんな嘘残ってる」。いいですね〜。

Ⓚ へぇ〜。

番 『discover globe』、これ、いいですね〜。

Ⓜ 『discover globe』、これ、いいコーナーだね!

Ⓚ 寂しい曲なんですよ。

Ⓜ うん。なりますね。

Ⓚ 上がる感じがあるんですね。自分も。

Ⓜ りますよ。

Ⓚ すると、おぉ〜……ってなぁ。自分も。

Ⓜ 不思議ですけどね。転調も

KEIKO命名の新コーナー「切なさライセンス」で、お悩み相談!

リスナーからの悩みに2人が答える新コーナー「切なさライセンス」。第1回目はOBS賤川アナウンサー、番組スタッフらの悩みにゆるりと回答。マークのモデル時代の「遅刻魔」エピソードも飛び出した。

Ⓚ切なさライセンス。

賤来ました。新コーナー(エコー)。

Ⓚ今回一発目の放送で、皆さんに告知してないから私たちOBSの近いところで答えてもらおうと。

Ⓜまずはしずちゃんのお悩みから聞いてみたいな。

賤私の悩みは「朝起きられない」ですね。

Ⓚあ〜そうなんですね!

賤本当に私、朝弱いんですよ。

Ⓚかわいい。

賤10時間とか11時間、平気で寝ちゃうんですよね。

Ⓜ2時間以上!

Ⓚ子どもか! っていう。そんなにね。

Ⓚほんとほんとに。

Ⓜでも、寝起き良くなったのは最近だよね? globeやってたときはよく寝てたもん。

賤globeやってたときは、もう全然起きれなかったてたもん。

賤だって今日この収録のとき、何時起きでしたっけ?

Ⓜ2時半。

Ⓚ2時半って、まだ夜中だよ。

Ⓜ夜10時に寝て2時半に起きて、犬散歩して、用意して羽田まで車で行って。そこから始発で来ました。

賤すごい最近思う。

Ⓜ年を重ねたら何かが変わったんですよね。なんだろう、何が変わったんですかねぇ。

Ⓚ年を重ねたってことじゃないですかねぇ。

Ⓚ年をぜひ重ねてください。

賤!(笑) しっかり年齢を重ねていきます! そしたらちゃんと起きられるようになる。

番組スタッフさんの悩みはどうですか?

番組スタッフ:私、マークさんKEIKOさんよりも、何歳か年下なんです。ここから友達作るにはどうしたらいいですか?

Ⓜ2人ともですよね(笑)。

Ⓚ(笑)。

Ⓜあ〜なるほどね。

Ⓜなんか、みんな切ないね!

Ⓚ切なさライセンスだからね。

番組スタッフ:子どもも大きくなって相手してくれない。同年代の人たちも何してるかわからない。みんなそれぞれ忙しいかもしれない。

Ⓚでも、だんだんそうなりませんか?

番組スタッフ:そうでしょうね。

Ⓜ僕はもうずっと小さい頃からモデルやってて、初代のメンズノンノモデルなんです。当時の、どのスタッフに聞いてもいいけど、2時間以上は必ず遅刻してくる遅刻魔だったんですよ。

Ⓚあ〜なるほどね。

賤(笑)。

Ⓜ僕はもう、友達、まあまあ面倒くさくて(笑)。だんだん1人がいいってなって。

Ⓚ共通の。

Ⓜゴルフを始めてだいぶ広がりましたけどね。

Ⓜだから、何かひとつ特別なことをすれば、友達の輪は。

番組スタッフ:本当ですか?

Ⓜだから僕、友達になりますよ。

番組スタッフ:本当ですか?

Ⓜ呼んでくれれば、僕行きますよ。

Ⓚ私も友達になりますよ。

番組スタッフ:本当ですか? ありがとうございます!

Ⓚ根本から崩れる(笑)。

Ⓜ友達欲しいの?

番組スタッフ:友達いた方が楽しいじゃないですか。ここから同級生とか、かつての仕事仲間とかに電話しても何かおかしな人に思われるかもしれないなっていう心配があるじゃないですか。

Ⓜあ、そういうのあるな〜。

番組スタッフ:だからどっかに行って、新たな友達と出会おうかと思うんですけど、ここから自分と似た感性の人たちと、どうやって出会ったらいいんですか?

Ⓜだんだん少なくなってきますよね。そういう意味では、私たちには共通項があった方がうまくいくかもっていう感じでいいですか?

Ⓜちょっとね、大分に住もうかなって最近思い始めたから、もっとみんなに会える可能性が出てきましたね。

Ⓜあと、同じような友達のいない人を探すっていうのがいいんじゃないですかね。

番組スタッフ:年に1回遊んでくれればもういい。

Ⓜ正月?

番組スタッフ:正月。

Ⓚピンポイントですね〜。でもマークさんも書いてくださって「JOY TO THE OITAファミリー」って。

Ⓜ正月?

番組スタッフ:阿部寛さん、風間トオルさん。よ? でね、正月休みも誰も遊んでくれる人がいなくて、1人で眠くなるんですね。

Ⓜめっちゃ寝ちゃうんですよ。

Ⓜ低血圧?

Ⓚ&賤うわ〜!

賤ロケバスで2時間待たせて。ゴルフの練習して、ピアノの練習してYouTube編集して終わり。

いっしょに住む?

Ⓜいっしょに住む? いいねぇ。どこらへんに住もうか? 佐伯市とかに住んじゃう? 駆け出しのアーティストみたい(笑)。

Ⓚいっしょに住む? って(笑)。

『I'm bad』はアルバム収録とともにライブ映像を、ぜひ観てほしい。

この日の「discover globe」は
3rdアルバムの収録曲『I'm bad』。
コアなglobeファンである番組スタッフが
ライブでの『I'm bad』の魅力を熱弁。
それをきっかけに、2人は
楽曲にまつわる当時の思い出を語りだす。

嵓 今回お2人にいろいろと深掘りしてもらう楽曲は『I'm bad』です。

Ⓚ おぉ〜、うれしい。なかなか聴けないですよ。

Ⓜ『I'm bad』なかなか聴けないですね！ この曲はいつ録ったか、いまいち記憶に残ってないですか。

番組スタッフ：そうなんですか。

Ⓚ これは日本で録ったのかな？

Ⓜ LAだったな。

Ⓚ LAだったと思う。絶対な。

Ⓜ なんのライブのときにやったっけ?

番組スタッフ：Love again ツアー（globe tour 1998 "Love again"）のときだと……

Ⓚ（笑）。

Ⓚ Relation ツアー（globe tour 1999 Relation）でも

番組スタッフ：Love again ツアーのときはバンドなんですよ。で、RelationツアーのときはマークさんがVRゴーグルみたいなのをつけて椅子に座ったまま、ずっと歌ってたんですよ。

Ⓚ そうそう、めっちゃ休憩だったな、私（笑）。

Ⓜ ヘルメットみたいなのをかぶって前が見えないから、座ってたんだと思うんだよ。危なくて歩けないから。

番組スタッフ：原曲はいわゆるシンセロックみたいな感じなんですけど、ライブ版はギターとドラムが大活躍のバージョンです。

Ⓜ ライブ映像を観て、めちゃめちゃ思い出してくる。これスタジアムツアーだよね。

Ⓚ これファッションもめちゃめちゃかわいいんだよ。

Ⓜ KEIKO、かわいい……！

番組スタッフ：そしてドラムの阿部薫さん。ライブの中で、こんなにスネアがでかい曲があるかっていう。これが超かっこいいんですよ。

Ⓚ いや〜すごいね。

Ⓜ 気持ちよかったですね〜。『UNDER Your Sky』もそんな感じですよね。

Ⓚ そう。あの歌詞も大変だった

番組スタッフ：『10000 DAYS』の17曲目に、Love again しな〜。

Ⓜ じゃあ今日、この番組終わった後に、これもglobeライブあるあるなんですけど、最後まで聞いた後、『I'm bad』を聴いてみてください。

番組スタッフ：『10000 DAYS』の17曲目。ぜひ聴いてみてください。

Ⓚ 詞、いっぱい書いてたね（笑）。

Ⓜ そう、あのレコーディングは詞書く地獄だったよね（笑）。やっと歌い終わったと思ったら次の詞が来て「もういや、これで」みたいな（笑）。

Ⓚ いや、だめでしょ（笑）。

Ⓚ「もういいいや、これで」って いうのを出したら、なんかそれが採用されちゃったのが『I'm bad』だったような。でも、その自然さがいいんじゃないのかな。

Ⓜ で、最後まで聞いた後、これもglobeライブあるあるなんですけど、すぐにその Blu-ray01 を入れて17曲目を聴いてみたいな（笑）。

Ⓚ ね。『I'm bad』は私の休憩した（笑）。マークの曲だしね。

番組スタッフ：まずギターの松尾さんと木村さん。「ワウ」っていうエフェクターを使ってるんですけど、これがまたglobeファンとしては心が躍るんですね。

Ⓜ いいね〜！今ラジオの前できっとみんな「うんうん」って。

番組スタッフ：それか！「それそれ！」ってなると思います。

Ⓜ 頭に浮かんでくる。「それそれ！」ってなると思います。

番組スタッフ：ギターの松尾和博さんと木村建さん。ドラムの「ベーあん」こと阿部薫さんと、この お3人がかっこよくてですね。この松尾さんと木村さんが使ってるエフェクターを使ってるんですけど、これがまたglobeファンとしては心が躍るんですね。

Ⓜ『UNDER Your Sky』の冒頭、「あんな〜」って始まるのが、すぐに『UNDER Your Sky』の後すぐに「ワン、ツー、スリー、フォー」

番組スタッフ：頭、「あんな〜」って始まるのが、またglobeファンとしては心が躍るんですね。

Ⓜ「Yesterday ストロボの中〜♪」から始まっちゃうんだぜ。

Ⓚ いいですよ〜「Yesterday ストロボの中〜♪」

Ⓜ すばらしい。

嵓 この曲は、1998年3月31日発売のアルバム『Love again』に収録されたものです。

番組スタッフ：僕としてはこの曲はアルバムでもいいですけど、『Love again』のライブバージョンがとってもいいんです。今日、音は出せないんですけど、ちょっと映像を持ってきました。

Ⓜ でも、ライブではワウウとしちゃうわけだ！ やっと録ったか、いまいち目立たないんです。

番組スタッフ：今日、話したことは全部そこに出てるので。このスネアだ！

Ⓜ これ観たいですね！

Ⓚ べ〜、もう一回観たい！

Ⓜ あ〜！ 懐かしい！『Love again』のときの髪形だ！

Ⓚ 観たいですね！

Ⓜ 頭、「あんな〜」って始まる。ちょうど頭に浮かんでくる。ちょうどライブで、スタジアムで夕方終わって夜になりかけるぐらいの

後輩の指導に悩むリスナーへスタジオから出た解決策は？

「切なさライセンス」に届いた
27歳男性からの悩みは、
注意するとすぐに泣いてしまう後輩の指導について。
OBSの社員である賎川アナウンサーと
番組スタッフの実体験をもとに
globeの2人が、解決策を導き出した。

賎　27歳男性からの相談です。「うちの会社に去年入った新人の女の子の扱いに困っています。入社した頃の展示会ではテキパキ動き、周りの評判もすこぶる良かったんですが、時が経つにつれ、言われたことをやらない。取引先を電話やメールで怒らせる。期日までに仕上げなければならない作業も毎回のように遅れる。『今日やることないんで早退しても～』と帰ったりして、先輩や上司が尻拭いをすることも。お小言程度に叱るとすぐに泣いちゃうから、脳裏にパワハラの4文字が浮かび、あまり強く言えません。どうしたらよいでしょうか？」

K　厄介ですね、これ。

マ　難しいですね。これは本当に現代社会の闇ですよ。

賎　どこでも多分、今起きやすい問題だと思います。

マ　本当だ。

マ　泣かれたら、こっちも泣く。

K　なかなか現実味がないな～（笑）。

マ　しずちゃんは先輩にどう言われてたの？ だって、僕たちはもう組織にあんまりいないじゃない。僕、globeで変なこと言って、

K　うんうん。

K　自分のやってることが鏡のように映ると、やらなくなるんじゃないのかな、とふと思うんだけどね。

マ　あぁ、そういうことね。

賎　だいたいね、今の時代ね、昔と違って今は後輩の子を尊重して、まず「あなたのいいところはこういうとこですよ。で、あなたの将来を考えたら、もうちょっとここで踏ん張らなきゃいけませんよ」と。そうやって相手に納得してもらいながら一つひとつ進めていきます。

マ　あ～。

賎　指導の仕方とか怒り方とか結構難しいですよね。お2人も例えば、意見をそろえたりするときに、ちょっと強めに言わなきゃいけない場面があったりとかするじゃないですか。そういうときの言い方ってすごく気にされる場面があると思うんですよ。

K　ありますね。そうだな～。

マ　やっぱ、言い方でしょうね。

賎　僕は、後輩とか先輩に言うときって、あんまり強くは言わないって決めてて。例えば後輩に強く言いすぎたりすると萎縮しちゃうことがあるので。そうしたら相談されなくなって、何か大きな問題に発展しちゃうかなって。

マ　「も～！」って。

賎　「タタタターン」って……。

番組スタッフ：先週の「discover globe」で『I'm bad』を紹介したじゃないですか。

マ　『I'm bad』が流れるんだ（笑）。

番組スタッフ：イントロが流れるんですよ。

賎　なにあれ！（笑）

番組スタッフ：それで、後輩が泣き始めたら「ジャカジャーン」って、歌が始まるときの音が鳴って「あぁ～やっぱり『I'm bad』になってしまった～」って。

K　そういうオチね（笑）。

マ　じゃあ、100言いたいかって、30ぐらいに抑えて言う。

K　もっと抑える（笑）。12ぐらいに。

賎　12ぐらいに。

番組スタッフ：答えは、12です！

賎　12。

番組スタッフ：100分の12。

番組スタッフ：それが僕のパターンでした。

マ　あぁ、僕『I'm bad』歌ってよ～。

賎　（笑）。

番組スタッフ：僕もOBSの人間ですから。

番組スタッフ：僕の場合は、『I'm bad』聴いてください。

もうKEIKOにすごい怒られてたから。

K　怒ってたね（笑）。

マ　あ～。

賎　そうだね。

賎　お2人は、そういうふうに何か怒られて泣かされたりとか、もしくは泣かせたりってのはあるんですか？

K　ない、私。どっちもない。

賎　お2人は本当にもう独立して、アーティストだから、なかなか組織の中で働いてってのはないんですね。その前も働いてて、そのときも怒られたりとかは……叱られたことはありましたけどね。きっと。

マ　僕、一番モテてたときは「もう好きじゃないんだよね」って言うと、泣いちゃったりしてたけどね。

賎　なんていうモテ男エピソード！なんていう言い方を！

K　腹立つねぇ（笑）。そっちのエピソードに持ってかれちゃった。

賎　ということで、相談者さん、よろしいでしょうか。

マ　12です。

K　いいのかな～？

賎　そうだ。100のうちの12を言う。

Discover globe

切なさライセンス

Special talk

KEIKOが明かす。『outernet』のタイトルに込められた意味。

6thアルバム『outernet』のタイトル曲である『outernet』をテーマに2人が語った。マークにとっては『Is this love』に次ぐ大好きな楽曲のひとつ。ラップの作詞にまつわるエピソードもここで初めて明かされた。

番組スタッフ：今回は『outernet』をご紹介していきます。2001年3月発売の6枚目のアルバム『outernet』のタイトル曲ですね。シングルでは同じ日に発売された『garden』のカップリング曲としてインストバージョンが収録されてる曲です。

番組スタッフ：6枚目のアルバム『outernet』に収録されている曲です。

㋖：そう。

番組スタッフ：今までのポップスの様式美のようなAメロ、Bメロ、サビの王道パターンじゃなくて、Aメロ行って、Bメロ行って、次Bメロに行ったかと思ったらよく聴いたら、実はAメロのプラスアルファぐらいのちょっとした変化だったりとか、メロディーの変化が少なくて、ドラムがドンドンドン、シーケンスがペペペペペってなっているような……。

マ：それがトランスですよね。

㋖：そう。

マ：そうですよね。

番組スタッフ：私も今でも驚きますよ。そうなんだ～って。

マ：この頃くらいから、BGMとして聴くトランスみたいな感じで聴いてほしいですね。

番組スタッフ：その視点はなかったです。私も今でも驚きますよ。そうなんだ～って。

番組スタッフ：globeはこの頃、いわゆるトランス期に。

マ：入りました。

㋖：入りましたね。

マ：僕たちが踊ると、みんなうねるように踊ってたんですよね。

㋖：へぇ～。

番組スタッフ：ギターはおなじみの松尾和博さんで、ミックスはエディー・デレナ。

マ：エディーだったんだね。僕、エディーのミックス好きなんですよね～。

㋖：確かにそうね。

マ：それが面白かったんですね～。

番組スタッフ：『garden』のカップリング曲を見ると、それまではみんな同じ動きをして一体だったのが、この頃くらいから、BGMレベルで、大音量じゃなく、BGMレベルで聞くような大音量じゃなく聞くような観客に変わったんですね。

番組スタッフ：globeファンの私としては、2023年に聴くならば、もう皆さん大人ですから、クラブじゃん！とか思って。だから、調子に乗っちゃダメだ、っていう。

マ：え～!?みたいな。一番いい調子に乗っていつもドキドキしなきゃいけないわけですよ。調子に乗りすぎちゃうとダメで。で、そのラップはどこに行っちゃったのか。

㋖：はい、はい（笑）。

番組スタッフ：KEIKOさん、マークさん、そのラップはどこに行っちゃったのか。

㋖：これは245（マークがMCを務める3人組バンド）の『cosmic dream』で使わせていただきました。

マ：へぇ～！

マ：あのラップが実は『outernet』で使われてて。

㋖：お～、なるほど！

㋖：これは245（マークがMCを務める3人組バンド）の『cosmic dream』で使われてて。

> ## 『outernet』って私、タイトルがすごいなと思った。

㋖：『outernet』って私、タイトルがすごいなと思った。

㋖：インターネットじゃなくて。

㋖：アウター。

番組スタッフ：インターネットから。

㋖：そうだったんですね！

番組スタッフ：そういうことだったんですよ！

㋖：うんうん。

㋖：『outernet』は『Is this love』の次に好きな、globeの中でも2番目に好きな曲で。

マ：僕はね『outernet』は『Is this love』の次に好きなglobeの曲なんですよ～。

> ## 『outernet』もう本当に好きで、しょっちゅう聴いてたぐらいで。

番組スタッフ：この歌についてはどうですか？

㋖：そうですね、トランスを歌っていうことでは、すごい歌いにくいんだけど」って言われたような気がします。「なんか、イメージが薄くて」って言われたの。「薄く」って言われて。ちょっと薄い」って言われたの。

㋖：なるほど。

マ：この曲はラップがあるんですけども、ラップを書いて、それまで書いてもダメ出しはなかったんですよ。いつも自由に。で、この曲はもうすごい自信があって、もうこれ決まりだなって、この世で一番最高のラップを作った！と思って出したら「これダメだね」って言われて。

マ：え～!?

番組スタッフ：一同：（笑）。

㋖：うそ（うそ）？

マ：違う、違う（笑）。

番組スタッフ：『臼杵』歌う」じゃない（笑）。

㋖：臼杵（うすき）？

番組スタッフ：マークさん、そこ繋げるんですか（笑）。

㋖：めっちゃ繋げますよね（笑）。

マ：『グロジェネ』やってたときも、どうしても『outernet』が入れたくなって、後半、入れたりとかああ、これがやりたかったんだっていうのがわかる。

㋖：へぇ～。

マ：これを抜き取って、こっちを消して、これを入れてみたら、ああ、これがやりたかったんだなっていうのがわかる。もうすごい好きな曲です。

㋖：へぇ～！ KEIKOさんは、

Discover globe

切なさライセンス

Special talk

先輩パパである マークは新米 パパの悩みに どう答えたか!?

「切なさライセンス」の回答といえば、KEIKOが実用的な解決策を提案し、マークは独自路線で突っ走る、という状況がいつものパターン。しかし今回に限っては、2つのお悩みともにマークが光る解決策を繰り出した。

◆メッセージ来てます。「先日、待望の第1子が生まれたばかりです。目の中に入れても痛くないとはこのことかと思いつつ、ふと我に返ると、自分の時間が少なくなったことに気がつきました。本を読んだり、映画を観たり、ゲームしたり、自由に楽しむ時間が取れなくなり、少しストレスがたまっている気がします。これは私がわがままなだけでしょうか？」

◆今までの人生は、彼がドラマの主役だった。でも子が生まれた瞬間に、彼は準主役になるんですよ。

Ⓚフゥー！（笑）

Ⓜこのドラマの主役は子なんです。でもこのドラマを盛り上げるには、準主役がいなかったら無理なんです。

Ⓚそうですね。

Ⓜだから、子が読むであろう、こういうふうに楽しむことによって、自分の趣味がどんどん増えていく。前向きにいこうよ～。

Ⓚ珍しくマークの回答がいいですね（笑）。

◆あぁ～。

Ⓚそうだね。

Ⓜこの子がやるようなゲームを真剣に楽しめばいいじゃないですか。そう僕は思うんです。

◆マークさんはいろんな趣味があるじゃないですか。お子さんが本当に小さいときは、もうつきっきりだったかと思うんですよ。どうバランスを取ったんですか？

Ⓜいやもう、本棚、絵本だらけですね。僕は、フランス語、日本語、英語が全部しゃべれるから、ハリー・ポッターも3カ国語で全部読み聞かせしましたね。

◆へぇ～。

Ⓜそれまで僕、あんまり本を読んでなかったけど、子が生まれてすごい読むようになって。結構このおかげで勉強になって、いろんな知識が増えましたね。子のドラマの主役になって。結構このおかげで勉強になって、いろんな知識が増えましたね。

先輩パパとしてのアドバイスです。

本当にもう、あっという間に終わりだから！あっという間に大学行っちゃって、もう離れてっちゃうから。あっという間に20年。いやぁ、そのときびっくりするよ。また今度、切なくなるんだから。寂しくなっちゃって。もう思春期ぐらいから、あんまり親と一緒にいないですもんね。

Ⓜうわ……だって思春期ぐらいから、あんまり親と一緒にいないですもんね。

Ⓜいようよ！しつこいぐらい。もう「パパしつこい！」って言わせようよ！

Ⓚそうね。

◆では次のメッセージです。「私の彼は、車に乗ると人が変わります。普通の道路でりするかもしれないじゃないで

Ⓜトランスとかかけてたりすると、なんかすごいスピードを出したりするかもしれないじゃないで

放課後の部活も全部一緒にやりました。チェスもいっしょにやりました。ヨットに行ったら僕は隣のスクールでウインドサーフィンをやったりとか、全部一緒にしてくれるでしょうか」

Ⓚどうでしょうねぇ。

Ⓜ難しい。

Ⓚこの間、車の中で姉としゃべってたんです。ちょうど、そういう運転の方がいたんですよね。

◆そうなんですか。

Ⓚで、私達、歴代の彼氏とかにはそういう人はいなかったよね。歴代っていうと、なんか過去にめちゃくちゃいっぱいいるみたいですけど（笑）。

◆（笑）。

Ⓚみんなゆっくり派だったんですね。

Ⓚゆっくり派だし、あおったりする人はいなかったな。

Ⓜ音楽の趣味を変えるとかは？僕はレゲエが好きだから、車に乗るときは窓を開けてレゲエをかけながら、ゆっくり。だから高速道路も一番左側走ってるんですよ。よく嫁に「なにやってんの。高速道路なんだからさ、もうちょっとスピード出せないかな」って（笑）。

Ⓚ（笑）。

◆音楽は、ありますよねぇ。

Ⓜあとは食べ物とか音楽、香りとか、リラックスする何かを車中に置いたり、普段の食生活もリラックスするような食材を選んだり。

Ⓚ確かに。

◆お菓子類、ジャンクフード、少なめで……大変！

主役になるんですよ。

Ⓚフゥー！（笑）

Ⓜこのドラマの主役は子なんです。でもこのドラマを盛り上げるには、準主役がいなかったら無理なんです。

Ⓚそうですね。

Ⓚどうでしょうねぇ。

Ⓜ難しい。

Ⓚこの間、車の中で姉としゃべってたんです。ちょうど、そういう運転の方がいたんですよね。

◆そうなんですか。

◆確かに、アップテンポだとそうですね。けど、もし横に乗っててちょっと不機嫌になったら、どうケアして、どう落ち着かせるかって難しいですよね。

Ⓚ難しい。絶対ね。

Ⓜ手を握って、「好き」。

◆かわいい。それは。

Ⓜそういう、かわいいのが多分ストップするんじゃないですか？

◆そういうことですか。

Ⓜでも勘違いするかもしれないね。「好き」とか言っちゃう。

Ⓚもう、ダメダメ！とかじゃなくてね。

Ⓜもっと飛ばしちゃうかも（笑）。

Ⓚ（笑）。

も抜かされると腹を立てるし、車間も取らずに走ったりする。

◆確かに、アップテンポだとそうですね。けど、もし横に乗っててちょっと不機嫌になったら、どうケアして、どう落ち着かせるかって難しいですよね。

2023.05.08
ON AIR

2人が「難しかった」と、口を揃える楽曲『across the street, cross the waters』。

この日、KEIKOはスタジオに不在。
しかし、「discover globe」のコーナーが始まると、
Zoomを介してラジオ出演。
LAで行われた
『across the street, cross the waters』の
レコーディングの記憶を語った。

健 今日お届けする楽曲は『across the street, cross the waters』です。
マ そこ行く!?
K すごいところ行きましたね。
マ あいうえお順です!
健 なるほど。
健 1998年12月発売、4枚目のフルアルバム『Relation』に収録された2曲目の楽曲ですね。マークさん、この曲の思い出は?
マ う〜ん。なんだろう。ちょっと非現実的なところを触ろうとしてたような気がしますね。なんかRelationツアーって、ちょっとそんな感じする楽曲じゃないですか。悪夢なのか現実なのかよくわからないようなところ。
K うんうん。
マ 多分、そんなような部分を詞で描こうとしてたような気がします。
K そうそう、もうちょっとこんな感じで、って。
マ どういう意味なんでしょうね。でも、世界観はあるんじゃないですかね。現実なのか夢なのか、っていう、そこの部分をこの構成で出しているんじゃないでしょうか。
健 僕たちに考えさせてくれるよね。
健 この曲を聴いていると、急にテンポや曲調が変わったりして、歌うのが難しくなかったですか?
K めちゃくちゃ難しい曲だなと思ってました。本当に。
K でも、globeの楽曲に関してどういう世界観っていう説明って、あんまりしていないですね。ライブやって、なんとなく世界観を身につけていった
健 KEIKOさんどうですか?
K レコーディングが難しかったのを覚えてます。ライブはもうマークのイメージがすごく強いんですけど。
マ うん。この曲のレコーディングは、ロスでしたっけ?
K LAだったと思う。
マ ね。LAだったよね。確か健二(佐野健二)さんがスタジオにいて、いろいろやってくれてたんだよね。
K そうそうそう。発音とかね。
番組スタッフ：TKからはどんなボーカル指示があったんですか?
K 彼は、決め込んで「こうやってね」とは絶対に言わなかったんですよ。だから私たち2人に対しては、なかったんですね。「この曲はこうだから」みたいなことは全然なくて、2人が解釈すればそれでいい、みたいな。

> 「こういう感じで」っていう言葉を自分なりに理解してボーカルを入れたんだと思います。

マ 「こういう感じで」っていう言葉を自分なりに理解してボーカルを入れたんだと思います。
健 かなり練習がいるんですね。
K いや、練習じゃなくて。「もう1回やってみよう」「もう1回やってみよう」って、相当言われた気がします。
マ そう考えるとライブでやるのはなかなかハードルが高いんです。
健 これをカラオケで歌う人がいるんですね! すごい、考えられない!
K ハードル高いと思いますね。
K だって普通、globeのレコーディングのときにボーカルディレクションとかあまりいないんですよ。
マ その通り。
マ で、この曲はやっぱ健二さんがディレクションしてくれるくらい、本当に難しい曲だったと思いますよ。
健 ですので、カラオケに歌うのは不向きっていう楽曲で締めとしてよろしいでしょうか(笑)。
K 私もできない。そして、メッセージにあった「as long as the earth exists」の部分、難しかったんです。だから、本当に。私のパートで。
一同：(笑)。
健 ではKEIKOさんはKEIKOさんで解釈して、マークさんはマークさんがそれで解釈して、それぞれがそれぞれの解釈を持って、って感じなんですね。
K そう思います。特に私はそうでした。
番組スタッフ：リスナーの方からもメッセージいただいていて、ご紹介します。『across the street, cross the waters』すごく思い入れがあるみたいで、「めちゃくちゃ面白い曲。より多くのファンに好きになってほしいと思います」と、いうことです。
というか。今、聴いてて、本当に難しい。当時、よく歌えましたね、私(笑)。
一同：(笑)。
番組スタッフ：お2人に質問なんですけど、最初にイントロで静かに始まって、途中でプログレのようになって、また静かに終わる、っていう構成はどんな意味があったんですか?
マ そうなんだよね。「こうしろ」っていうのはないよね。
番組スタッフ：ちなみに私はカラオケアプリでマークのラップをやります。KEIKOさんパートを全部ハモるスタイルでいつも楽しんでいます。
マ へ〜。
番組スタッフ：「1人で全部歌っちゃうんですが、この曲、マークさんのラップとKEIKOさんパート両方とも、カミカミポイントが多々あり、難しいんです」といただいています。
マ 逆にカラオケでやったら、すげえ気持ちいいんじゃないですか? できたとき。
K でも、聴いてて楽しいのかな? 盛り上がるのかな?(笑)
マ 僕、多分、今できないです!

Discover globe

切なさライセンス

Special talk

『About Me』の「Me」とは?明かされる、作詞のエピソード。

2006年3月発売の11thアルバム『maniac』に収録された楽曲、『About Me』。
この歌詞に注目すると、描かれる女性の姿がKEIKO本人に重なっていく。
実際のところは?
その真相が放送で明らかになった。

Ⓜ まず伺いたいんですけど、『About Me』についてどんなことを覚えてますか?

Ⓚ これ、詞だれ?

番組スタッフ：TKです。

Ⓚ これ、私もいっしょに書いたな。「ここは、こういいんじゃない?」的なやりとりがあったような気がしますね。

Ⓜ いや(笑)!

Ⓚ そうですね。

番組スタッフ：でも、KEIKOさんの歌を聴いてると、びっくりマーク「!!」を意識してたんですか?

Ⓚ まったくしてません。無意識にはしてると思うんで。

Ⓚ そうですね。

Ⓚ 番組スタッフ：TKさんの歌を聴いていると、「About Me」についてどんなことを覚えてますか?

Ⓜ いや、私もいっしょに書いたな。「ここは、こういいんじゃない?」的なやりとりがあったような気がしますね。

Ⓚ カラオケじゃ1番。

番組スタッフ：そうそうそう。

Ⓚ このフレーズに「びっくりマーク(!)」が2つ使われているんです。「カラオケじゃ1番!!」と。ここに強い感情があったんじゃないかなと思うんですけど。

Ⓚ はい、はい。

番組スタッフ：でも、曲の1番2番3番てあったとしたら「今、3番上がってきたので歌ってください」みたいな。そういうイメージ。

Ⓚ あと、マークのラップが好きっていう人もね。

番組スタッフ：レコーディングと同時並行で作詞が行われているみたいな。

番組スタッフ：面白い作り方ですね。

番組スタッフ：そして『About Me』で最も印象的なフレーズが、「普通以上普通未満なんて そんな定義この国にはありふれていますね。

Ⓜ 多分......いや、アイドンノー! 聴いていただいているみなさんの自由ですよ!

Ⓜ いや、でも、どう考えてもアバウトユー!

Ⓜ じゃあ、この「!!」は間違いかもしれないわけですね。(笑)

Ⓚ いや、間違いじゃなくて(笑)。詞が上がってきて、TKの書く文字で歌うときと、パソコンで打った文字で通しで見ますけど、皆さんはポイントごとに見ることがあるんですか?

Ⓜ あぁ、それいい話ですね。

Ⓚ 時間がなくて、どこ歌うんですか? みたいなやつ。

践 それは本当に、メモみたいな?

Ⓚ メモです。

Ⓜ そうそうそう。

Ⓚ 文字を打ってる時間がなくて、急いでそのメモで歌わない。

践 そんなに時間が追い込まれることがあるんですか。

Ⓜ あるある。

Ⓚ ありました。昔でいう、曲の1番2番3番てあったとしたら「今、3番上がってきた」......

Ⓜ 「When a man〜」のところは誰もいないの?

一同：(笑)。

Ⓚ 代表曲の「DEPARTURES」でも、最初の「ずっと〜」の部分が好きなんですっていう人と。「どこまでも〜」っていうところが好きなんです、という人と。

Ⓜ 「When a man〜」のところは誰もいないの?

一同：(笑)。

Ⓚ そのときと照らし合わせて。だから、当時彼と話してた自分の思い出とかがありますよね。そういうところからくみ取って書いてくれたの?って聞いたことないんです。私は歌詞のことは聞いたことないんです。「どういう意味ですか?」とは絶対に。だから、そういう風なことのかなと思いながら、そういう風なことのかなと思いながら歌いました。

すけど、ほとんどしてないですね。

Ⓜ へぇ〜!

Ⓜ 徐々に盛り上がる、というよんですよね。普通であることかのプレッシャーとかに心を押しつぶされそうだなって思うんですけど。

Ⓚ そうです、そうです。

Ⓚ 一般的なファンの方とか、僕たちって歌詞を最初から最後まで通しで見ますけど、皆さんはポイントごとに見ることがあるんですか?

Ⓜ あるんです。面白いですよね。

Ⓜ 全体ではこういう意味になって、それぞれみんな違う風に感じ取るんじゃないかな。globeの曲って一曲の歌詞の中でも多分、全員好きなところが違うと思います。多分それぞれ、いくつかのポイントがあるんじゃないですかね。

Ⓚ 鋭いよ。ほぼそうですね。私自身は歌詞が仕上がってきたとき、そう受け取りましたね。

Ⓜ そう受け取って歌ったわけですね。

Ⓜ 鋭い!

鋭い。

Ⓚ すけど、ほとんどしてないですね。

Ⓜ いや、でも、この3番をどう歌うか。それは自分で決めなきゃいけないわけ。

Ⓚ そうです、そうです。

番組スタッフ：作詞はTKのクレジットになってるんですけど、聞いているとKEIKOさんの半生をKEIKOさんご自身が自分で作詞したんじゃないかなって思ってしまうんですよ。歌詞では時系列で思春期の15の頃、だいぶお姉さんになった19の頃とあって。19の頃の最後のフレーズ......

Ⓚ それは間違いじゃないじゃなくて(笑)。

番組スタッフ：KEIKOさんが大阪で働きながら歌手になる夢があるけど実現できない表現できない葛藤があるのかなぁなんて想像しながら......

Ⓚ そうですね。

な定義この国にはありふれていますね。

Ⓚ まったくしてません。無意識にはしてると思うんで。最初の頃、特にあった。

Ⓚ そういうことがありました。最初の頃、特にあった。

番組スタッフ：そして『About Me』で最も印象的なフレーズが、「普通以上普通未満なんて そんな定義この国にはありふれてい......

Ⓜ いや〜今日はいい回ですね。

Ⓚ 神回です。

好評につき、「Discover globe」スペシャル放送。前後編2曲、解説。

globeファンのリスナーが
毎回、楽しみにしている楽曲解説コーナー、
「Discover globe」。この日はスペシャルで
前後編、2曲を解説。
2人の大好きな曲『UNDER Your Sky』も
ここで登場。その思い出を大いに語った。

🎙️最初の曲はこちらです。

番組ディレクター(以下、番組D)：『Appreciate』。2006年3月に発売されました11枚目のアルバム『maniac』のディスク1の5曲目。作曲はTKでございますけれども、イントロから抜けの良いコンガとボンゴの打ち込みで始まるというところでございます。1分30秒くらいからシンセベースなどが入ってくる。globeファンの番組スタッフOさんいわく、TKが楽しみながら作ってるんじゃないのかな、と。

🎙️なんなんでしょうね。

番組D：それは音の出し方とか組み合わせ方をいろいろ見てるんですか？遊んでるっていうのはおかしいんだけど、いう。だから、globeはそ

番組D：気の済むまで。

🎙️もう、ああ、そうなんですね。すごいハマって遊び出す「うまみ」みたいなのをうまく遊びながら出してくるって

番組D：Appreciate。

作曲はTKでございますけれども、

🎙️言えないの。こっちからは。「もう寝なさい」とも言えないし「ご飯食べなさい」とも言えない。ボスだから。

番組D：あぁ！

番組D：(笑)。

🎙️もう本当にね「おもちゃを与えられた子ども」。あたかもクリスマスにもらったシンセを延々とやっている子どものような、そんな後ろ姿、結構印象的ですね。

番組D：スタッフが言わない、寝食忘れる、じゃないっぱシンセっていうのは音を作るところからやるんじゃないですか？アナログシンセとかも置いてあったし。今の時代はプラグインとかソフトで全部できるけれども、当時はもうその1台のシンセをもう新しいのが来たら、その新しいのもというのもあるぐらいなわけですから。そうじゃなくて、こういう三日三晩、使い切るまで触りますね。

🎙️だいたいこもって2人でやってるけれど、KEIKOさんが歌うときはそんなことを意識せずにですよね？

Kしないですよ。

🎙️これは後ろのトラックを聴きながらやってるの？

K聴きながらやってましたよ。英語の発音のことを、すごく言われましたね。

🎙️あぁ、見えるね、2人が。戦いみたいなね。

K「そんなこと言われてもわかんない！」ってね(笑)。

🎙️僕はいなかった。僕がいたらもうちょっと空耳アワーっぽいなんか、日本語に聞こえるような感じでちょっと言ってもらえないかな、みたいな。

🎙️それで、こういうふうになったら、こういう曲ってふうになるんじゃないですか。ヒット曲だけのみぞ知る宿命」という意味のフレーズがありますよね。時代背景、2006年頃を考えると身近な例ではインターネットの普及やスマートフォンの登場で人々のコミュニケーション方法や生活スタイルが大きく変わり始めたころでした、と。『Appreciate time & space』という歌詞は「自分の時間や精神の空間を見失

番組D：歌詞の中で「only god knows where we'll end up」「神

🎙️うぃう実験がいっぱいできるバンドっていうふうな意見も言ってたから。こういうところで遊んでたんでしょうね。こういうところで遊んでたんでしょうね。

🎙️歌を聴いていると、グニュングニュンしていますが、KEIKOさんが歌うときはそんなことを意識せずにですよね？

番組D：ここでマークさんに質問です。こういうシンセサイザー(以下、シンセ)が中心の曲を作るときは、TKとエンジニアさんだけでスタジオにこもって作っている姿を想像してしまうんですが、実際のところはどうだったんですか？

🎙️だいたいこもって2人でやってるけれど、エンジニアが疲れていなくなっても、TKはやり続ける。1人でも。

🎙️はい。

番組D：へぇ～！

わないようにしましょうよ」というメッセージを含んでいる、かもしれません。というのが番組スタッフの考察です。

Ⓚ人気ですよね。

㊙多分、このぐらいの時代からCDとかも売れなくなってきて、ダウンロードの時代に入ってきて、もうすべて音楽業界も変わってくるし、いろんなことが世界が動き始めるところに、『Appreciate』っていう感謝するっていうタイトルをつけるっていう感じもそうですし、KEIKOさんの雰囲気と面白いんじゃないかと。

Ⓚね！

㊙これは皮肉なのか何なのか、みたいな。

Ⓜこのリズムもそうですし、歌う感じもそうですし、KEIKOさんの優しさを感じる歌い方とその音の響きが心地よいです。3つ目は英語の歌詞からのアウトロ。英語で歌うKEIKOさんがとにかくかっこいいです」

Ⓚ違いますよね。

＊

この曲の世界観に引き込まれます。2つ目は『静かにみんなで』の『静か』。KEIKOさんの優しさを感じます。

㊙ね。「あんな速さの中」。いいですよね。

Ⓜうん。私、これすごい好きです。

㊙こちらご紹介しましょう。「この日が来るのを待ってました。この曲の好きなところは3つあります。1つ目はイントロなしで歌い始めるところが、またちょっと面白いんじゃないですかね。

たった3文字ですが『あい』とか、そういうところが世界。

Ⓚ私は、この最後らへんが一番好きなんですよね。「二度と戻らない時間」だったりとか「小さな体 力いっぱい」とか、そういうところですね。

番組D：「KEIKOさんとマークさんにこの曲の好きな箇所を教えていただけるとうれしいです」と。

Ⓚありがとうございます。

番組D：歌詞が、しみじみといいですよね。聴き入っちゃいました。

Ⓜやっぱ、歌い方がいいよね。

Ⓚあぁ、褒めてくれるんだ。

番組D：「この曲の歌詞で質問です。前向きなメッセージのあとに忘れられないメッセージがあると思いましたが、TKはどんなふうにおっしゃっていましたか？」と番組スタッフさんからです。

それ、TKに聞けばいいじゃん！ まったく私たちには教えてくれませんから！

㊙ラテン系のリズムっていうのは多分、体が自然に揺れて動くようなリズムだから歌いやすい気がする。それとマッチしていて、いい雰囲気でした、と。

㊙さと哀愁が入り交じるから楽しさと切ない思いが表現されていました。まさにこの「Love again」のツアーでね。まさに「空」のイメージだったかな、このタイトル通り。

Ⓚ外で歌うイメージが強くて。

Ⓚそう？

Ⓜいや本当にね、このスタジアムツアーよかったよね。僕が一番好きだったのは、西宮なんですけど。

Ⓚそう言うよね。

Ⓜあれね、甲子園でやりたかったですね。確か甲子園はね、高校野球やってたんですよ。

Ⓚ入ってますね！

番組D：この曲は節目、節目のベスト盤には必ず入ってますね。

Ⓜ僕は『deep JAZZ globe』でもこの曲を確かリミックスしてますけど、大好きな曲です。

Ⓚね。

㊙気がするんだよね、って。

Ⓚ（笑）。あったっけ。

番組D：「KEIKOさんと マークさんにこの曲の好きな箇所を教えていただけるとうれしいです」と。

Ⓚ気がするんだよね、って。

＊

㊙2曲目は、こちらです。

番組D：1998年3月に発売されました3枚目のアルバム『Love again』の2曲目。『UNDER YOUR Sky』。

Ⓜこの曲好きよ。この曲結構、

Ⓜ空、sky っていうフレーズはglobeすごく多い気がするんだよね。

Ⓚ歌いやすいよね。

ⓂたぶんKEIKOは歌いやすい曲なんじゃない？

Ⓚ歌いやすいね。

Ⓚいい。

Ⓜ空、skyっていうのは伺いましたが。

Ⓚ（笑）。

Ⓜ（笑）。ごめんなさいねぇ～（笑）。

Ⓜ（笑）。いやぁ、でもね、全部いいっすよ。この曲は。

㊙えっ！？ 急に来た！？と思って（笑）。

一同：（笑）。

Ⓜあっ、『静かにみんなで』か（笑）。

㊙えっ！？

㊙やっぱこの「賎川にみんで」っておっしゃっていました？

番組D：そうですね。TKとマークさんの連名になってますね。

Ⓜめちゃめちゃ混ざってる感じがあって面白かったですね。

Ⓜ歌詞は確か、僕とTKで混ぜて、っていう。

番組D：このライブについては、番組スタッフさんも言ってまして。『10000 DAYS』。

Ⓜへぇ～。

Ⓜあと、すごくキーの高い曲じゃないので、すごくうれしかった気がする（笑）。そんなに気負わなくていい、っていう。

にも収録されているLove again のツアー、横浜スタジアムの夕暮れ。

『Is this love』マーク、「愛」と「恋」を哲学する。曲調の解説も。

『Discover globe』に、
『Is this love』が登場。
リリースから27年を経て、
年齢もライフステージも変化したマークが
「愛」と「恋」を哲学的にひもといた。

番組D：『Is this love』ができてから27年でございますが、その当時から現在まで「愛」の答えは変わってきましたか？

哲学的ですね〜。

Ⓜ「愛」が「恋」には変わりましたけど、大人になって、結婚をして。でもこの「愛」だったあの頃にまた戻れるのならば、「愛」というものは変わらないんじゃないのかなと思いますね。

Ⓚ変わらない。

Ⓚ多分、今もまた「愛」をすることが許されるのならば、変わらない「愛」をすりますよね。

Ⓜそう。「愛」の答えは変わってきまして。でもこの「愛」というものに多くの共感の声があったようでございまして。

番組D：間違えてるのかな？ と思ったけど違うのかな？

Ⓚそう。

Ⓜ普通はその反対だと思うんですよね。

Ⓚちょっと笑っちゃったけど（笑）。

Ⓜ「愛」が「恋」になるかなかなグッとくる。

Ⓚ一同：（笑）。

Ⓜ「あっなったのことが〜♪」（冷たい感じで歌うKEIKO）

番組D：SNS上のコメントでも、この曲のラストの「あなたのことが 好きだからあなたにも 好きでいて欲しい」という願望は、この部分に多くの共感の声があったようでございますけど、今度は音楽的なところを。

Ⓚオケですね。

番組D：この1998年から2000年代はいわゆる和製R&B全盛期へと続いていくのですが、かっちりしたビート、いわゆる四つ打ちや、三連符やシャッフルまたスイングからR&B特有のバウンスとシャッフルの中間のリズムの実験を、globeが先行して行ったのではないかと。

Ⓣだから、ちょっとスイングするんだって。

Ⓜなるほど。

Ⓣちょっとでもオフビートだったり、レゲエだったりすると酔うって思いました。

Ⓚそうそうそう。

Ⓣやっぱり、スイングの曲調なところ。これ、globeに絶対にないのよ。TKがカチッとした四つ打ちが好きで。

Ⓜちょっとでもスイングす

番組D：これは、メンバーの中に男性がいらっしゃるglobeならではのハーモニー、アレンジではないかと。

Ⓜへ〜。

番組D：これまでわりと歌詞について触れてきたんですけど、今度は音楽的なところを。

Ⓚそうですね。

番組D：『Is this love』は男性のハモリがないから、そのハーモニーがそこまで目立たない。

Ⓚそうですね。

番組D：ここまで『Is this love』のことをたくさん聞いてきましたけど、改めてお2人に聴きどころを最後にうかがえたら。

Ⓜやっぱり、スイングの曲調なところが好きなんです。そこが好きなんです。

Ⓚいいですね〜。全体的に素晴らしいですよ。ラップみたいなのがあって、やさしさがきて……すごいと思いますね〜。

Ⓜなんか、改めてちゃんと聴こうって思いました。

Ⓚ私はサビのところ、曲の冒頭からずっとマークのパートがきて、コロッと変わってサビがきて。

哲ちょうど同じ時期に作られた安室奈美恵さんの『SWEET 19 BLUES』もゴスペル、ブルースっぽい曲だったんですけど、その部分ってどこだっけ？って考えちゃって止まったんですけど（笑）。

Ⓚそうですね。

Ⓜいいですね〜。

Ⓚ『Is this love〜♪』？

Ⓚ「や〜さしさ♪」です。

ⓂあれBメロじゃないの？

Ⓚじゃあサビじゃないかもしれない…（笑）。とにかく「やさしさだけじゃ 生きてゆけない でも やさしい人が好きなの」。そこが好きなんです。

Ⓜこういう曲で本当に珍しい。僕は大好きだから、そこが聴けるこういう曲で本当に珍しい。glob

番組D：大サビの「やさしさだけ 生きてゆけない」のハモりの部分はゴスペルのテナーやアルトのハーモニーを取り入れたのではないかなと。それまでのJ-POPではあまり聞いたことがない、ということですね。

哲KEIKOさんは？

Ⓜ「あっなったのことが〜♪」（冷たい感じで歌うKEIKO）

Ⓚ一同：（笑）。

Ⓜすみません、おふざけが過ぎたようで（笑）。

Ⓚいや、いい例じゃないですか。

哲確かにテンポがゆるいからこそですよね。

Ⓚ『DEPARTURES』とかもそうだと思いますけどね。

番組D：これもそうだと思いますけど、この曲がこのような感じには許されませんが。もう、チッとした冷たい曲だったら、この歌詞はちょっと痛かったんじゃないかなと。

Ⓜ（笑）。びっくりしちゃった。

番組D：いや、これはちょっとグローバーにとってはなかなかグッとくる。

Ⓜ「愛」が「恋」になるかなかなグッとくる。

Ⓚ素敵じゃないですか。

Ⓜ今「恋」をしているのでね。

Ⓚ（笑）。

番組D：お酒持ってきて（笑）。誰か、先行して行ったのではないかと。

Ⓚ楽しいですね〜。

番組D：ちょっと濃いめでお酒持ってきて（笑）。

Ⓣそんな大人の雰囲気があるかと。

大分の観光＆

JOY TO THE OITA+
出演者が オススメする

番組の大きな目的のひとつは "大分県の魅力を発信すること"。そんなわけでマークさん、KEIKOさん、賤川アナに、「大分に来たらこちらへ！」というスポットをお聞きしました！

---

1 別府八湯温泉道
はっとう

湯を知り、街を知り、人を知る。
奥深き入湯修行の旅へ

別府八湯とは、八つの温泉郷の総称。その豊富な源泉と多様な泉質を誇る日本一の温泉地「別府」だからこそ可能な、温泉を味わい尽くす「湯の真理を得んとする求道者（無類の温泉好き）のためにある、厳しくも愉快な入湯修行（スタンプラリー）の道」です。

僕が観光大使を務める別府の温泉は本当に最高！スタンプラリーは県外の人も参加できるので、別府の湯でお肌をツルツルにしてください。

マーク・パンサーさんの オススメスポット

僕は日出町の観光親善大使、愛称・ひじまちアンバサダーにも就任したんだけど、一度歩いただけで素敵な町だと惚れ込みました。

KUNISAKI

USU-SEKIBUTSU

NOGAWA

---

2 大分県 速見郡日出町
ひじまち

海あり、山あり、歴史あり。
美食、アート、
神社も堪能できる。

キラキラと輝く別府湾に絶景の鹿鳴越連山を擁し、400年の歴史を持つ石垣が特長の日出城址を誇る。日出町は決して大きくありませんが、海あり、山あり、歴史あり。魅力がぎゅっと凝縮した魅力的な町です。

〜〜〜〜 賤川アナ のオススメグルメ

1 ゴールデン紫
大分が誇る甘口しょうゆ

九州のしょうゆといえば…そう！ 甘口のしょうゆ。大分県には、九州のトップブランドがあるんです。1861年創業の老舗メーカー、フンドーキン醤油さんです。中でも代表的な商品が「ゴールデン紫」！ 程よい甘みでうま味が詰まった「ゴールデン紫」はこいくちの醤油です。お刺身等のかけ用はもちろん、肉じゃがや魚の煮つけ等の調理用にピッタリ。甘口醤油なので、砂糖やみりん等の調味料を少なくしても美味しく料理が出来上がります。ぜひお試しあれ！

94

繁華街であることを
忘れてしまう荘厳さ

グルメスポット

おかげさまで
白子が人気だそうです。
ぜひふぐ刺しと
ヒレ酒とご一緒に！
機会があったら
臼杵本店にも足を運んで
みてくださいね。

臼杵ふぐ
山田屋
大分都町店

KEIKOさんの
オススメ
グルメスポット

豊後水道の新鮮なふぐは絶品。
本店はKEIKOさんのご実家！

豊後水道の新鮮な活魚、ふぐなど、四季折々のお料理を堪能できる山田屋さんの大分都町店。臼杵本店は都会の喧騒から離れた庭園が印象的ですが、都町店も落ち着いた風情の石畳とやさしい灯りが出迎えてくれます。大分駅からも徒歩圏内なので、絶品のふぐと白子を食べながら globe を語ろう！

自慢の白子は口に入
れただけでとろける

YABAKEI

HITA

YUFUI.

ふぐといえばやっぱり
唐揚げも欠かせない

YAMANAMI

---

③ 大分麦焼酎® 西の星
麦焼酎なら西の星がオススメ！

「いいちこ」でおなじみの三和酒類がつくる「西の星」は、大分の風土と農家、蔵人の思いがひとつになった大分生まれの本格麦焼酎。すっきりした香りとなめらかな喉ごしで飲みやすさに定評があり、お料理の味も引き立てくれますよ。ロックや水割りの他に炭酸割りやお茶割りもオススメ！お土産に、食事のお供に大分麦焼酎「西の星」はいかがですか？

② 絆屋のりゅうきゅう
味よし、たれよし、鮮度よし！

大分県を代表する郷土料理りゅうきゅう。新鮮な大分産の脂ののったブリと真鯛を丁寧にさばいて切り身に。独自製法の丸大豆醤油ベースに椎茸などの旨みを加えた特製だれに絡ませて素早く真空パック。急速凍結することで鮮度を落とさず、解凍後すぐに美味しくお召し上がりいただけます。JAL 国際線機内食ファーストクラス・ビジネスクラスで５万食の販売実績のある大人気商品です。個食パックに入っているのも便利。熱々ご飯にのせて、りゅうきゅう丼としてもどうぞ。

〔RADIO〕

JOY TO
THE OITA+
OFFICIAL
BOOK 〔大分限定ver.〕

OBS（大分放送）

2024年3月25日　初版発行

\ Special Thanks /

マーク・パンサー(globe)、KEIKO (globe)、賎川寛人(OBS)

協 力　　エイベックス・マネジメント株式会社
　　　　　株式会社ホーカス・ポーカス
写 真　　野本寿和
装 丁　　森田直、佐藤桜弥子（FROG KING STUDIO）
校 正　　株式会社東京出版サービスセンター
編 集　　高木さおり(sand)／中野賢也（ワニブックス）

発行者　　横内正昭
編集人　　岩尾雅彦
発行所　　株式会社ワニブックス
　　　　　〒150-8482
　　　　　東京都渋谷区恵比寿4-4-9えびす大黒ビル
　　　　　ワニブックスHP　http://www.wani.co.jp/
　　　　　（お問い合わせはメールで受け付けております。
　　　　　HPより「お問い合わせ」へお進みください）
　　　　　※内容によりましてはお答えできない場合がございます。

印刷所　　TOPPAN株式会社
DTP　　　株式会社 三協美術
製本所　　ナショナル製本